くらしに役立つ
ワーク

数　学

監修
明官　茂

東洋館出版社

は じ め に

　この本は、「基礎編―計算ドリル」と「生活編」に分かれています。
　「基礎編」では、「数と計算」、「量と測定」、「図形と面積・容積」、「その他、時間・速さ・平均」を取り上げました。今まで皆さんが学んできたことの復習にもなります。図やイラストが入っているのでわかりやすく、楽しみながら問題を解くことができます。大きな数の計算では電卓を使って解くこともできます。自分の解きやすい問題から取り組んで下さい。
　「生活編」は、「自分の身の回りのこと」、「毎日の生活」、「学校生活」、「余暇」、「暮らし」を取り上げました。天気や気温、調理、電子レンジや炊飯器の使い方など日頃の生活に役立つ問題がたくさん含まれています。また、休日の楽しみ方や計画の立て方、上手なお金の使い方なども勉強できるようになっています。自分の生活に生かしながら学習を進めて下さい。

　数学は難しいからきらいと言う人もいますが、問題を解くことを通して自分に自信がついてくるはずです。『くらしに役立つワーク数学』を使って学習することで身につけた知識や技能が、日常生活や社会生活に生き、いろいろなことを考える力につながることを期待しています。
　　　　平成29年11月

明官 茂

はじめに／3

第1章 基礎編

Ⅰ 数と計算／8
　① 大きい数 ……………………………………… 8
　② 小数 …………………………………………… 10
　③ 分数 …………………………………………… 13
　④ 正の数・負の数 ……………………………… 16
　⑤ 3けた以上の計算 …………………………… 18
　⑥ かけ算・わり算 ……………………………… 22
　⑦ およその数 …………………………………… 26
　⑧ 割合とグラフ ………………………………… 28
　⑨ 比例 …………………………………………… 30

Ⅱ 量と測定／32
　① 長さ …………………………………………… 32
　② 重さ …………………………………………… 34

Ⅲ 図形と面積・容積／36
　① 図形の基本・多角形 ………………………… 36
　② 円 ……………………………………………… 37
　③ 立方体・立体 ………………………………… 39
　④ 面積 …………………………………………… 41
　⑤ 容積 …………………………………………… 44

Ⅳ その他／46
　① 時刻と時間 …………………………………… 46
　② 時刻と時間の計算 …………………………… 48
　③ 速さを表す …………………………………… 50
　④ 平均 …………………………………………… 51

第2章 生活編

- I 自分の身の回りのこと／54
    - 1 自分の身の回り ……………………………………… 54
    - 2 身体計測の結果 …………………………………… 55
    - 3 スポーツテスト …………………………………… 56
    - 4 健康的な生活 ……………………………………… 57

- II 毎日の生活／58
    - 1 天気予報 …………………………………………… 58
    - 2 買い物をして調理をしよう ……………………… 59
    - 3 週の予定・年間の予定 …………………………… 68

- III 学校生活／70
    - 1 いろいろなグラフ ………………………………… 70

- IV 楽しむ（余暇）／75
    - 1 遊びに行こう ……………………………………… 75
    - 2 友達との待ち合わせ ……………………………… 79
    - 3 デパートへ行こう ………………………………… 80
    - 4 レストランへ行こう ……………………………… 82
    - 5 カタログや広告 …………………………………… 84
    - 6 小物入れを作ろう ………………………………… 85

- V 生活を豊かに（暮らし）／87
    - 1 1か月の暮らし（生活費）……………………… 87
    - 2 計画的な支出 ……………………………………… 90
    - 3 手紙を出そう ……………………………………… 93
    - 4 住居 ………………………………………………… 94
    - 5 働く ………………………………………………… 96

執筆者紹介／97

第1章 基礎編

Ⅰ 数と計算

1 大きい数

家賃や電気代を支払ったり，大きな買い物をしたりするときに，大きな数がでてきます。大きな数の学習をしましょう。

問題 1 37482000 について，それぞれの数字は何の位でしょう。□にあてはまる位を書きましょう。

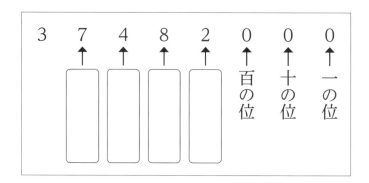

問題 2 下の数を読んで，□に算用数字で書きかえましょう。

① 三千五百七十一万六千二百

② 八百四十三万二千五百三十

問題 3 どちらの数が大きいでしょう。大きい方に○をつけましょう。

① 2,800 ・ 3,800　　② 6,530 ・ 65,300

③ 249,800 ・ 248,900　　④ 71,080 ・ 7,180

問題 4　一番大きい数に○をつけましょう。

① 2,800　　② 12,300　　③ 136,200　　④ 64,000
　 4,100　　　 9,700　　　 223,000　　　 10,890
　 6,000　　　10,900　　　　8,800　　　 112,800

問題 5　5,000円で買える物には○を，買えない物には×を（　）の中に書きましょう。金額は，消費税も入った金額です。

2,700円　　5,246円　　16,800円　　9,800円
① (　)　　② (　)　　③ (　)　　④ (　)

15,000円　　4,700円　　6,480円　　3,980円
⑤ (　)　　⑥ (　)　　⑦ (　)　　⑧ (　)

問題 6　金額が大きい順に並べましょう。下の□に金額を書きましょう。

　　給料　　　飛行機代　　パソコン購入代　　電気代

36,000円　　12,000円　　58,200円　　22,800円

大きい順　□円 → □円 → □円 → □円

Ⅰ 数と計算

2 小数

体温計を読むときや，長さや重さをいうときに，小数がでてきます。小数の読み方や書き方，簡単な計算を学習しましょう。

問題 1 数の分だけ色をぬりましょう。

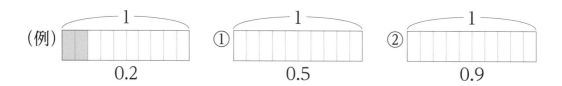

問題 2 ☐ に数字を書きましょう。

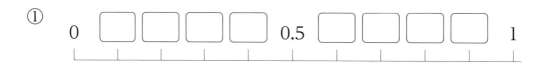

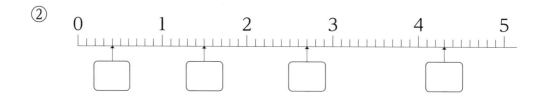

問題 3 （　）の中に数を書きましょう。

① 1と0.5をあわせた数…（　　　）

② 2と0.4をあわせた数…（　　　）

③ 1を3個，0.1を6個あわせた数…（　　　）

④ 1を5個，0.1を3個あわせた数…（　　　）

問題 4 テープの長さは何 cm でしょう。☐に数を書きましょう。

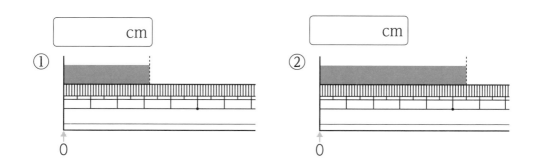

問題 5 水のかさは全部で何ℓでしょう。☐の中に書きましょう。

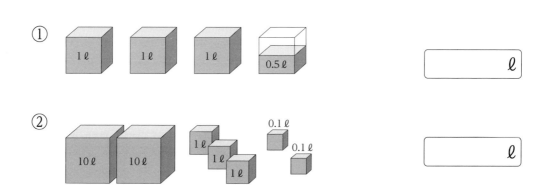

問題 6 筆算で計算して、答えを☐に書きましょう。

① 51.2+2.3=☐   ② 42.3+1.6=☐   ③ 26.8+2.5=☐

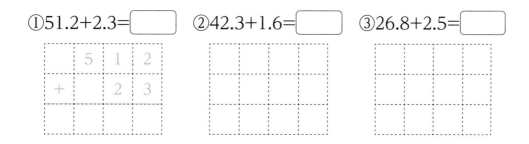

I 数と計算

問題7 筆算で計算して、答えを ☐ に書きましょう。

① 4.9 − 2.8 = ☐   ② 28.5 − 4.2 = ☐   ③ 17.6 − 1.9 = ☐

問題8 電卓で計算しましょう。(　) に答えを書きましょう。

① 5.2 + 2.3 = (　　　)　　② 2.9 + 7.6 = (　　　)
③ 57.2 + 32.4 = (　　　)　④ 14.4 − 7.2 = (　　　)
⑤ 26.5 − 18.6 = (　　　)　⑥ 56.7 − 9.2 = (　　　)

問題9 よしおさんの体重は、4月は 62.5kg でした。5月は 63.2kg でした。何 kg 増えたでしょう。筆算で計算して、式と答えを書きましょう。

式 _____

筆算

答え　　　　kg

3 分数

一つのものを二人で同じ大きさに分けると2分の1，三人で分けると3分の1といいます。料理のレシピや地図などにもでてきます。

問題 1　(　　) に数を書きましょう。

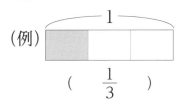
(例) ($\frac{1}{3}$)

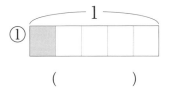
① (　　)

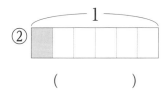
② (　　)

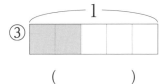
③ (　　)

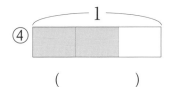
④ (　　)

⑤ (　　)

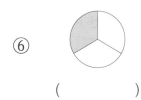
⑥ (　　)

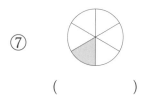
⑦ (　　)

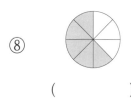
⑧ (　　)

問題 2　数の分だけ色をぬりましょう。

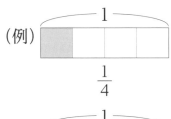
(例) $\frac{1}{4}$

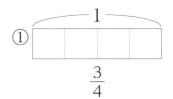
① $\frac{3}{4}$

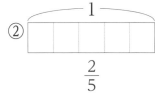
② $\frac{2}{5}$

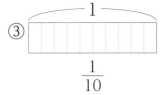
③ $\frac{1}{10}$

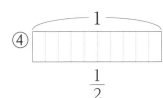
④ $\frac{1}{2}$

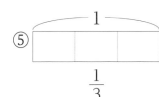
⑤ $\frac{1}{3}$

Ⅰ 数と計算

問題3 数の分だけ色をぬりましょう。

（例）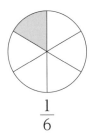
$\frac{1}{6}$

①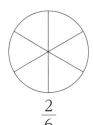
$\frac{2}{6}$

②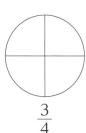
$\frac{3}{4}$

③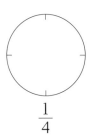
$\frac{1}{4}$

④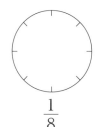
$\frac{1}{8}$

⑤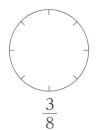
$\frac{3}{8}$

問題4 どちらの数が大きいでしょう。大きい方に◯をつけましょう。

① $\frac{1}{4}$ ・ $\frac{3}{4}$

② $\frac{1}{6}$ ・ $\frac{2}{6}$

③ $\frac{1}{2}$ ・ $\frac{1}{10}$

④ $\frac{1}{3}$ ・ $\frac{1}{4}$

⑤ $\frac{2}{3}$ ・ $\frac{2}{10}$

⑥ $\frac{3}{6}$ ・ $\frac{3}{5}$

問題 5　ケーキを四人で分けます。

① 四人とも同じ大きさにするにはどうやって切ればよいでしょう。右のケーキの切るところに線をかきましょう。

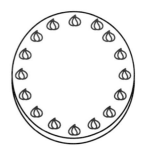

② 一人分の大きさで，正しいものはどれでしょう。（　　）に○をつけましょう。

　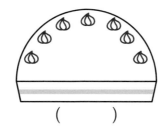　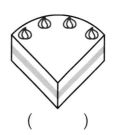

（　　）　　　　（　　）　　　　（　　）

問題 6　容器に水を入れます。水の高さに線をかきましょう。

（例）コップの約 $\frac{1}{3}$　　① コップの約 $\frac{1}{2}$　　② コップの約 $\frac{1}{4}$

③ バケツの約 $\frac{1}{2}$　　④ バケツの約 $\frac{1}{3}$　　⑤ バケツの約 $\frac{2}{3}$

I 数と計算

4 正の数・負の数

0より小さい数が負の数です。天気予報で「−10℃」と言うときや、お金の計算でマイナス（赤字）になるときに使います。

問題1 次の数を、＋ や − を使って（　）に書きましょう。

① 0より1小さい数　…　（　　　　）
② 0より5小さい数　…　（　　　　）
③ 0より15小さい数　…　（　　　　）
④ 0より3大きい数　…　（　　　　）
⑤ 0より10大きい数　…　（　　　　）

問題2 ☐に数字を書きましょう。

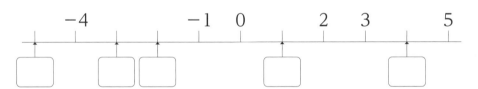

問題3 どちらの数が大きいでしょう。大きい方に◯をつけましょう。

① −1 ・ +1　　　② −10 ・ +3

③ 0 ・ −3　　　④ −15 ・ 8

問題 4 温度が低い順に並べましょう。下の ☐ に数を書きましょう。

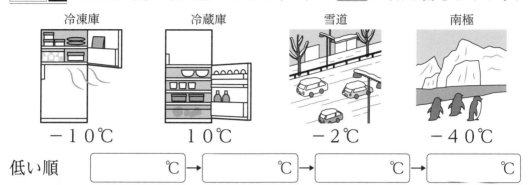

低い順 ☐℃ → ☐℃ → ☐℃ → ☐℃

問題 5 何度でしょう。（　　）の中に書きましょう。

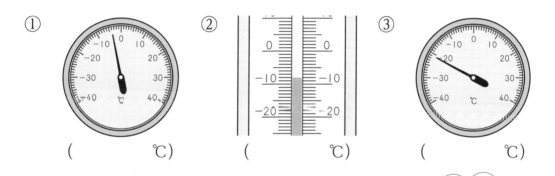

①（　　℃）　②（　　℃）　③（　　℃）

問題 6 今月の小遣いは，10,000円です。
洋服代は3,000円，食費は3,500円，カラオケ代は1,500円，携帯電話代は3,000円の予定です。
残金はあるでしょうか。不足なら，いくら不足しているでしょう。電卓で計算して，式と答えを書きましょう。

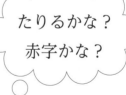

たりるかな？
赤字かな？

式　_____

答え　　　　　円

Ⅰ 数と計算

5 3けた以上の計算

買い物の合計金額や残金を計算するときなどに，3けた以上の計算がでてきます。むずかしい場合には，電卓を使用しましょう。

問題 1 筆算または電卓で計算して，答えを □ に書きましょう。

① 521+336=□　② 246+352=□　③ 318+225=□

④ 607+325=□　⑤ 475+136=□　⑥ 389+254=□

問題 2 筆算または電卓で計算して，答えを □ に書きましょう。

① 785−213=□　② 689−354=□　③ 821−418=□

問題 3　筆算または電卓で計算して、答えを▢に書きましょう。

①216＋354＋648＝▢

②520＋710＋280＝▢

③807＋283＋169＝▢

④788－251－216＝▢

問題 4　（　）のある計算です。筆算または電卓で計算して、答えを▢に書きましょう。

①1000－(200＋150)＝▢

②1000－(320＋210)＝▢

③1500－(420＋160)＝▢

④3000－(684＋540)＝▢

Ⅰ 数と計算

問題 5 1,000円を持って，ジャガイモとにんじんを買いに行きました。
ジャガイモは220円，にんじんは180円でした。
残りのお金はいくらでしょう。
☐に数を書きましょう。

※品物の金額には消費税が含まれています。

[考え方1]　1,000円から ☐ 円と ☐ 円を引きます。

　　　　　式は，☐ − ☐ − ☐ となります。

　　　　　計算は，

　　　　　答えは，☐ 円です。

[考え方2]　1,000円から 買うものの合計 を引きます。
　　　　　　　↳ 買うものの合計は，
　　　　　　　　（☐ 円 + ☐ 円）です。

　　　　　式は，☐ −（☐ + ☐） となります。

　　　　　計算は，（　）の中を計算したあと，1000から引きます。

　　　　　答えは，☐ 円です。

問題 6　2,000円を持って，マフラーと靴下を買いに行きました。マフラーは1,300円，靴下は540円でした。残りのお金はいくらでしょう。※品物の金額には消費税が含まれています。

式

計算

答え　　　円

問題 7　1,290円のプレゼントを買います。ラッピング代は150円かかります。1,500円を払うと，お釣りはいくらでしょう。
※品物の金額には消費税が含まれています。

式

計算

答え　　　円

問題 8　鉄道博物館に行きます。電車代は往復540円，昼食代は980円，入場料は500円かかります。3,000円を持っていくと，おみやげはいくらまで買えるでしょう。
※品物の金額には消費税が含まれています。

式

計算

答え　　　円

Ⅰ 数と計算

6 かけ算・わり算

ここでは，かけ算の筆算の計算方法と，わり算の考え方を学習します。かけ算九九を使って計算します。

問題 1 筆算または電卓で計算して，答えを □ に書きましょう。

① 23×3＝☐   ② 43×2＝☐   ③ 12×4＝☐   ④ 32×3＝☐

⑤ 223×2＝☐   ⑥ 213×3＝☐   ⑦ 221×4＝☐

問題 2 筆算または電卓で計算して，答えを □ に書きましょう。

① 24×4＝☐   ② 27×3＝☐   ③ 347×2＝☐   ④ 328×3＝☐

問題 3　筆算または電卓で計算して，答えを □ に書きましょう。

① 13×23＝□　② 43×12＝□　③ 24×21＝□　④ 26×13＝□

⑤ 23×34＝□　⑥ 14×26＝□　⑦ 27×14＝□　⑧ 39×13＝□

問題 4　缶ジュース 24 本入りの段ボール箱が 12 箱あります。缶ジュースは全部で何本あるでしょう。筆算または電卓で計算して，式と答えを書きましょう。

式

計算

答え　　　　本

I 数と計算

問題 5 わり算の計算をしましょう。□に数を書きましょう。

① 12÷3=□   ② 24÷4=□   ③ 40÷5=□

④ 15÷3=□   ⑤ 36÷6=□   ⑥ 45÷9=□

⑦ 27÷3=□   ⑧ 16÷2=□   ⑨ 20÷5=□

問題 6 余りのあるわり算の計算をしましょう。□に数を書きましょう。

① 13÷5=□…□   ② 22÷7=□…□

③ 19÷6=□…□   ④ 25÷6=□…□

⑤ 32÷6=□…□   ⑥ 40÷9=□…□

問題 7 電卓を使って、大きな数のわり算の計算をしましょう。□に数を書きましょう。

（例）5000÷6=833.333…→答え 約833

★わり切れないときは、小数点以下を四捨五入します。小数点以下が0, 1, 2, 3, 4のときは切り捨て、5, 6, 7, 8, 9のときは切り上げます。

① 2622÷38=□   ② 7200÷45=□   ③ 4480÷70=□

④ 3500÷6=□   ⑤ 4000÷9=□

問題 8　式を立て，問題に答えましょう。

①36個のチョコレートを9人で同じ数ずつ分けます。一人何個ずつになりますか。

　式　＿＿＿＿＿＿＿＿＿＿＿＿　答え　　　　個

②40人を5つのグループに分けます。1グループ何人になりますか。

　式　＿＿＿＿＿＿＿＿＿＿＿＿　答え　　　　人

問題 9　式を立て，問題に答えましょう。

①12個入りのたまごのパックが10パックあります。たまごは全部で何個ありますか。

　式　＿＿＿＿＿＿＿＿＿＿＿＿　答え　　　　個

> 12個が10パック
> ↓
> 12 × 10 ＝ ？
> ↑
> 0を1つつければよい。

②54円のみかん100個の値段はいくらですか。

　式　＿＿＿＿＿＿＿＿＿＿＿＿　答え　　　　円

> 54円が100個
> ↓
> 54 × 100 ＝ ？
> ↑
> 0を2つつければよい。

③1,500円の売り上げ金を10人で同じ金額ずつ分けます。一人いくらもらえますか。

　式　＿＿＿＿＿＿＿＿＿＿＿＿　答え　　　　円

I 数と計算

7 およその数

> 1850は2000に近いので，およそ2000とします。およそ2000のことを，約2000といいます。およその数のことを概数といいます。

問題 1 次の数は，約1000，または約2000のどちらでしょう。
□にあてはまる数を書きましょう。

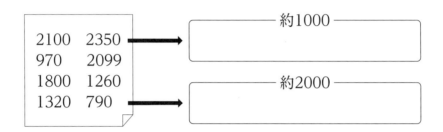

問題 2 次の値段は，約5万円，約8万円，約10万円のどれでしょう。
□にあてはまる数を書きましょう。

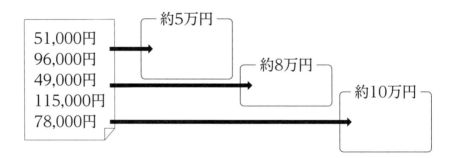

問題 3 ①②③は一の位を四捨五入，④⑤⑥は十の位を四捨五入して，およその数を（　）に書きましょう。

① 28　→（約　　　）　② 59　→（　　　　）
③ 44　→（　　　　）　④ 1583 →（　　　　）
⑤ 5619 →（　　　　）　⑥ 2370 →（　　　　）

問題 4　1,480円のプレゼントを買います。お金を払うとき，お釣りを少なくするには，いくらお金を出せばよいでしょう。出すお金を◯で囲み，式と▭に出すお金とお釣りを書きましょう。

※品物の金額には消費税が含まれています。

① お財布の中には，1000円札2枚と，100円玉5枚が入っています。

式 _____　出すお金　　円
　　　　　　　　　　　　　　　　お釣り　　　円

② お財布の中には，1000円札2枚と，100円玉3枚が入っています。

式 _____　出すお金　　円
　　　　　　　　　　　　　　　　お釣り　　　円

③ お財布の中には，5000円札1枚と，1000円札1枚が入っています。

式 _____　出すお金　　円
　　　　　　　　　　　　　　　　お釣り　　　円

問題 5　次のことをおよその数で表しましょう。▭に数を書きましょう。

① 976人　　　　② 2,987円　　　　③ 30.2g

　人　　　　　　　円　　　　　　　g

④ 29.8℃　　　　⑤ 4,013匹　　　　⑥ 6時間50分

　℃　　　　　　　匹　　　　　　　時間

I 数と計算

8 割合とグラフ

> もとの量（全体の量）のうち、どのくらいにあたるか数字で示したものを割合といいます。野球の打率の何割何分や、値段の％などが割合です。

問題1 次のグラフは、2年生全員に好きなメニューを聞いた結果です。グラフを見て、答えを（　）に書きましょう。

| ハンバーグ定食 | ラーメン | 焼肉定食 | パスタ | カレー | その他 |

（0〜100%の帯グラフ）

① 何が一番人気のメニューですか。（　　　　）
② ハンバーグ定食が好きな人の割合は全体の何％ですか。（　　　　）
③ ラーメンが好きな人の割合は全体の何％ですか。（　　　　）
④ 2年生は30人です。ラーメンが好きな人は何人ですか。（　　　　）

> **考え方▶** もとにする量×割合(％)÷100＝比べられる量
> 　　　　　　2年生の人数　　ラーメンが好きな人の割合

問題2 食品加工班では、お菓子を作っています。右の表は、販売個数について表したものです。

種類	販売個数（個）	百分率（％）
チョコクッキー	16	
フルーツクッキー	12	
チョコレートブラウニー	32	40
シナモンロール	4	
マフィン	16	20
合計	80	100

① チョコクッキーは全体の何％ですか。式と答えを書きましょう。

考え方▶ 百分率(%) ＝ (比べられる量) ÷ (もとにする量) ×100
　　　　　　　　　　　↑　　　　　　　　↑
　　　　　　　　チョコクッキーの個数　合計個数

式　$16 \div 80 \times 100 =$ 　　　　　　　　　答え　　　　％

② フルーツクッキーは全体の何％ですか。式と答えを書きましょう。

式　　　　　　　　　　　　　　　　　　　　　答え　　　　％

③ シナモンロールは全体の何％ですか。式と答えを書きましょう。

式　　　　　　　　　　　　　　　　　　　　　答え　　　　％

④ 左の表の空いているところに数字を書いて、表を完成させましょう。

⑤ 帯グラフに表しましょう。★百分率の大きい順に、左から区切って書いていきます。

⑥ 円グラフに表しましょう。

★割合の大きい順に、右回りに区切って書いていきます。

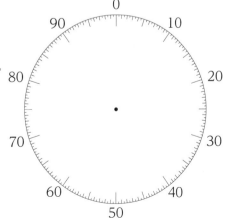

Ⅰ 数と計算

9 比例(ひれい)

> ある量が2倍，3倍になるとき，もう一つの量も2倍，3倍になるような関係を比例といいます。生活のいろいろな場面で，比例の関係がでてきます。

問題1 1つ100円のりんごを買います。
※品物の金額には消費税が含まれています。

① 下の □ から選んで □ に記号を書きましょう。

個数(こすう)が増(ふ)えると，代金も □ 。個数が2倍，3倍になると，

代金も □ , □ になる。

このようなとき，「代金は，りんごの個数に □ する」という。

式に表すと， □ = □ × □ となる。

㋐代金　㋑2倍　㋒100　㋓増える　㋔比例　㋕3倍　㋖個数

② 表の空いているところに数を書いて，表を完成させましょう。

個数（個）	1	2	3	4	5	6	7	8
代金（円）	100	200	300				700	800

③ このりんごを12個買ったときの代金はいくらでしょう。式と答えを書きましょう。

式 _____

答え □ 円

問題 2　お風呂にお湯をためます。1分間に20ℓずつ入れます。

① 表の空いているところに数を書いて，表を完成させましょう。

入れた時間（分）	1	2	3	4	5	6	7	8
たまった量（ℓ）	20	40			100			160

② 10分間入れると，お湯は何ℓたまるでしょう。
式と答えを書きましょう。
式 _____

答え　　　　　ℓ

③ お湯を240ℓためるには，何分かかるでしょう。式と答えを書きましょう。　考え方▶　お湯の量÷1分間にたまる量＝かかった時間
式 _____

答え　　　　　分

問題 3　水槽に水をためます。

① 入れ始めて10秒間で，水槽の $\frac{1}{3}$ のところまでたまりました。あと何秒入れれば，水槽はいっぱいになるでしょう。答えを書きましょう。

答え　　　　　秒

10秒間で→ここまで

② この水槽の2倍の大きさの水槽に水をためる場合，かかる時間は何倍になるでしょう。答えを書きましょう。

答え　　　　　倍

Ⅱ 量と測定

1 長さ

ものさしや巻尺などを使って，実際に長さを測ってみましょう。

問題1 次の直線の長さは何 cm 何 mm ですか。☐に単位を入れて書きましょう。

(例) 測りたいものの先端を「0」に合わせて測りましょう。

答え　7cm

① 　　　　　　　　　　　　　　答え

② 　　　　　　　　　　　　　　答え

③ 　　　　　　　　　　　　　　答え

④ 　　　　　　　　　　　　　　答え

問題2 次の長さの直線を，・から定規を使ってひきましょう。

(例)　1cm　・──

① 3cm　　　　・

② 5cm　　　　・

③ 3cm6mm　　・

④ 6.5cm　　　・

★6.5cmは6cm5mmのことです。

問題 3　身近にある机の縦と横の長さを測って，（　）に書きましょう。

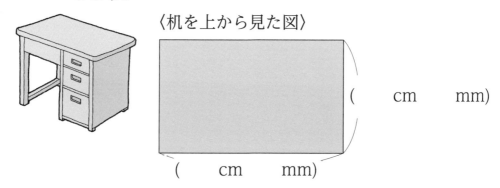

〈机を上から見た図〉

（　　cm　　mm）

（　　cm　　mm）

問題 4　靴を買うときには足の大きさを測って買います。実際に自分の足の大きさを測り，☐に書きましょう。

★23.5cmは，23cm5mmのことです。

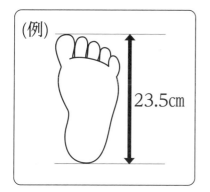

私の足は，☐cmでした。

問題 5　立ち幅跳びをして，距離を巻尺で測ってみましょう。☐に単位を入れて書きましょう。

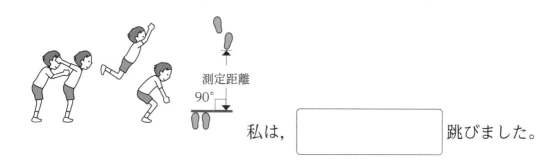

私は，☐跳びました。

Ⅱ 量と測定

② 重さ

いろいろな物を量って重さの違いを感じたり，単位の使い方を学んだりしましょう。

問題 1 台ばかりに，次の重さを示す針をかき入れましょう。

(例) 250g　① 760g　② 680g

③ 430g　④ 70g　⑤ 940g

問題 2 ☐ にあてはまる数を書きましょう。

① 3000g = ☐ kg　② 6kg = ☐ g

③ 2t = ☐ kg　④ 2800g = ☐ kg ☐ g

⑤ 3kg500g = ☐ g

問題3　台ばかりを使って，実際に塩 10g, 15g を量ってみましょう。

問題4　身近にある次の物を量って，（　　）に重さを書きましょう。単位も書きましょう。

①スプーン　　　　②消しゴム　　　　③靴

（　　　　）　　（　　　　）　　（　　　　）

④教科書　　　　⑤コップ　　　　⑥えんぴつ

（　　　　）　　（　　　　）　　（　　　　）

問題5　いろいろな動物の体重を調べました。重い動物から順番に，（　　）に名前を書きましょう。

ネズミ　500g　　犬　8kg　　ゾウ　2.5t

1位（　　　　　　　　）
2位（　　　　　　　　）
3位（　　　　　　　　）

III 図形と面積・容積

1 図形の基本・多角形

三角形，四角形など，形の違いを見分けたり，かいたりできるようになりましょう。

問題 1 三角形を黒色，四角形を赤色にぬりましょう。

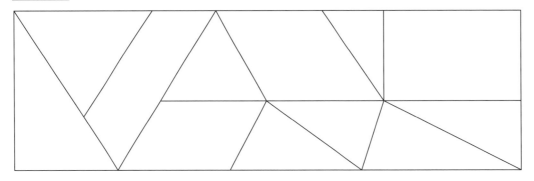

問題 2 下の方眼紙に，①縦4cm，横5cmの長方形と，②1つの辺の長さが3cmの正方形をかきましょう。

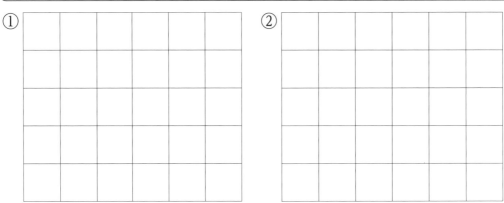

② 円

半径や直径について知り，コンパスを使って円をかいたり円周を求めたりしましょう。

問題 1 次の円の半径，直径の長さはそれぞれ何 cm でしょう。（　）に答えを書きましょう。

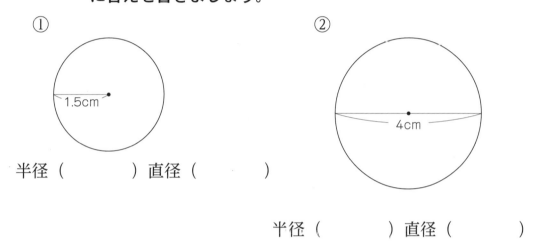

① 半径（　　　）直径（　　　）

② 半径（　　　）直径（　　　）

問題 2 ・を中心にして，コンパスを使って，次の円をかきましょう。

① 半径3cmの円

② 直径5cmの円

Ⅲ 図形と面積・容積

問題 3 次の円の円周の長さは何 cm ですか。☐ に式と答えを書きましょう。答えには、単位も書きましょう。
★円周率は、3.14 とします。

①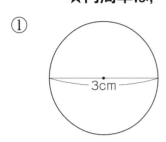

式

答え

②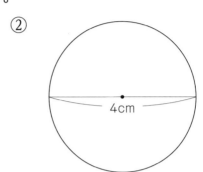

式

答え

③

式

答え

④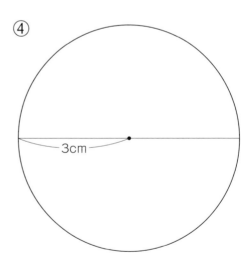

式

答え

Ⅲ 図形と面積・容積

③ 立方体・立体

> 立方体や直方体の違いを理解しましょう。

問題 1　次の中から立方体を作れるのはどれでしょう。□に番号を書きましょう。

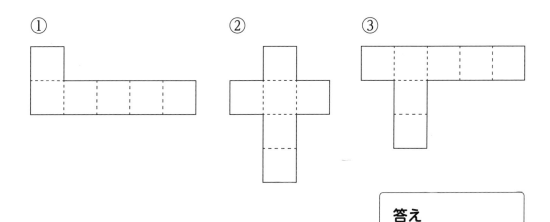

答え　□

問題 2　立方体（サイコロ）の，頂点，辺，面の数を（　）に書きましょう。

頂点の数	（　　　）
辺の数	（　　　）
面の数	（　　　）

Ⅲ 図形と面積・容積

問題 3　次の立体は何という立体ですか。☐☐☐ の中から選んで，
（　　）に答えを書きましょう。

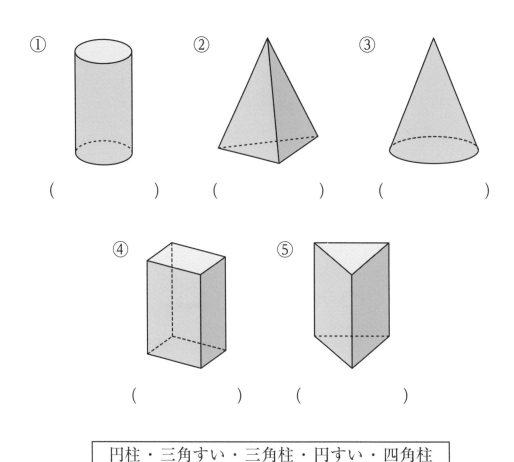

円柱・三角すい・三角柱・円すい・四角柱

問題 4　次の物は，どの立体の形に近いですか。問題 3 の ☐☐☐
の中から選んで，（　　）に答えを書きましょう。

4 面積

長方形や正方形などの面積を求められるようになりましょう。

問題 1　次の図形の面積を計算して、□に式と答えを書きましょう。答えには、単位も書きましょう。

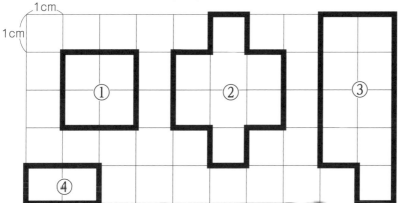

(例)
① 式　1(cm²) × 4(個) = 4(cm²)
　　　（1マスの面積）（マスの個数）

　　答え　4cm²

② 式

　答え

③ 式

　答え

④ 式

　答え

Ⅲ 図形と面積・容積

問題 2 次の図形の面積を計算して、□に式と答えを書きましょう。答えには、単位も書きましょう。

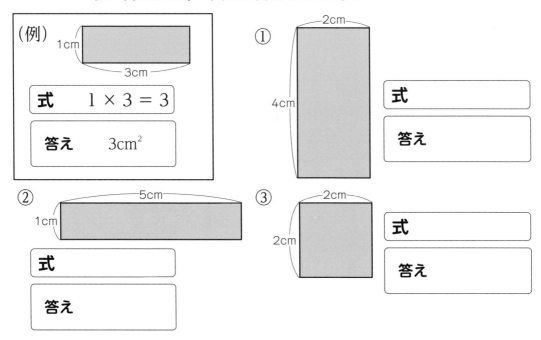

問題 3 次の図形の面積を計算して、□に式と答えを書きましょう。答えには、単位も書きましょう。

★長さの単位をそろえてから計算します。

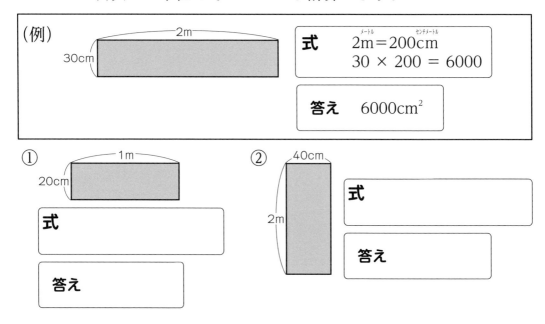

問題 4　▨ の部分の面積を計算して、□ に式と答えを書きましょう。答えには、単位も書きましょう。

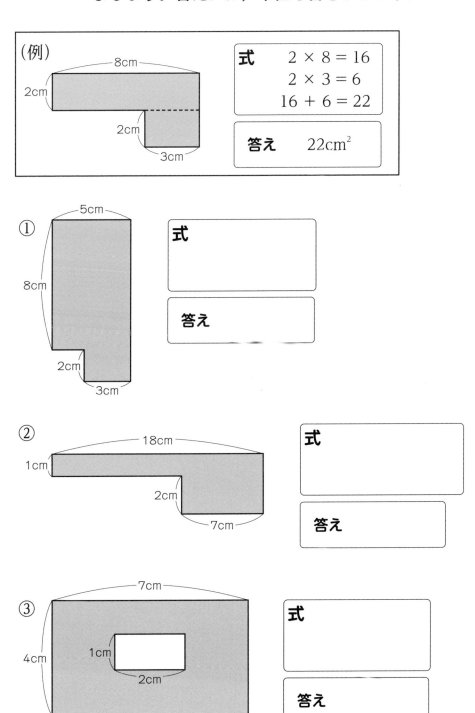

Ⅲ　図形と面積・容積

5 容積

いろいろな入れ物に入っている容積を調べたり比べたりして，容積について関心をもちましょう。

★答えには，単位も書きましょう。

（例）　500mℓ のペットボトルは，何本で 1ℓ になりますか。

| 式 | 1ℓ＝1,000mℓ
1,000÷500＝2 | 答え | 2本 |

問題 1　2ℓ のペットボトルは，500mℓ のペットボトルの何本分ですか。□に式と答えを書きましょう。

| 式 | | 答え | |

問題 2　2ℓ のお茶が入ったペットボトルがあります。1杯 200mℓ のコップに注いでいくと，何杯分ありますか。□に式と答えを書きましょう。

| 式 | | 答え | |

問題 3　カレーを作るために，800mℓ の水を入れて煮ます。計量カップは1カップ 200CC です。何杯分入れればよいでしょう。□に式と答えを書きましょう。

| 式 | | 答え | |

問題 **4** 縦25m，横12mの学校のプールに，120cmの高さまで水を張りました。このとき，何tの水が入っているでしょう。☐に数字を入れて計算しましょう。

★単位をmにそろえてから計算しましょう。

式　120cm = ☐ m

☐ （m³）

1m³=1t

☐ m³ = ☐ t

答え ☐

問題 **5** 縦50cm，横100cm，高さ40cmの浴槽には何ℓのお湯が入るでしょう。☐に数字を入れて計算しましょう。

式 ☐ （cm³）

1000cm³=1ℓ

☐ ÷ ☐ = ☐ （ℓ）

答え ☐

問題 **6** 問題 **5** の浴槽は，☐ℓ入りました。2ℓのペットボトルの何本分でしょう。☐に数字を入れて計算しましょう。

式 ☐ ÷ ☐ = ☐ （本）

答え ☐

Ⅳ その他

1 時刻と時間

時計の見方を知りましょう。

問題1 次の時刻を求めましょう。時計を見て考え，□に答えを書きましょう。

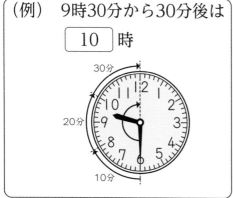

（例） 9時30分から30分後は [10]時

① 5時10分から10分後は □時□分

② 8時20分から30分前は □時□分

③ 2時15分から35分後は □時□分

問題2 まさお君は，7時20分に家を出て8時に学校に着きました。学校に着くまでにかかった時間は何分でしょう。時計を見て考え，□に答えを書きましょう。

答え　　　　分

問題 3 友達と一緒にハイキングに行きました。それぞれのポイントまでにかかった時間を時計を見て考え，☐に答えを書きましょう。

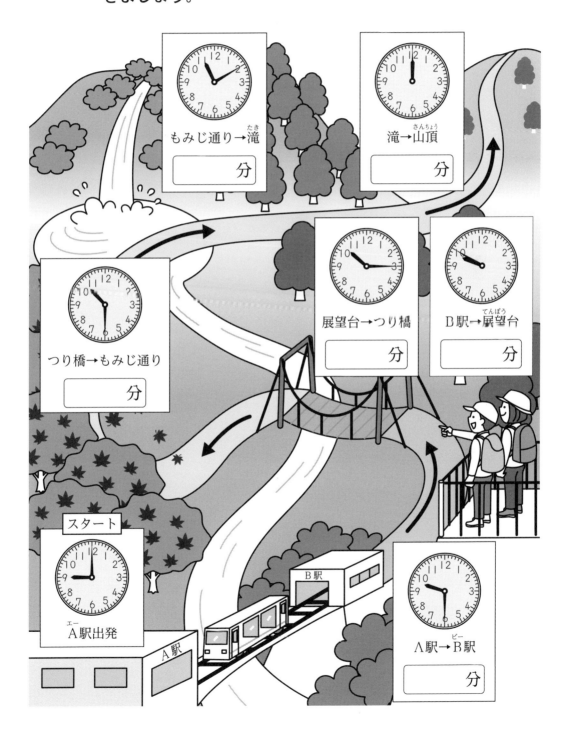

Ⅳ その他

2 時刻と時間の計算

時刻と時間の違いを理解し，生活の中で使えるようにしましょう。

問題 1 （　）に答えを書きましょう。

（例）　　3時間10分
　＋　　2時間20分
　　　（ 5 ）時間（ 30 ）分

①　　　5時間30分
　＋　　3時間25分
　　　（　）時間（　）分

②　　　1時間40分
　＋　　4時間25分
　　　（　）時間（　）分

③　　　6時間13分
　＋　　3時間16分
　　　（　）時間（　）分

④　　　8時間33分
　＋　　3時間18分
　　　（　）時間（　）分

⑤　　　5時間30分
　－　　1時間25分
　　　（　）時間（　）分

⑥　　　8時間46分
　－　　2時間13分
　　　（　）時間（　）分

⑦　　16時間23分
　－　10時間16分
　　　（　）時間（　）分

⑧　　14時間36分
　－　　5時間25分
　　　（　）時間（　）分

⑨　　23時間20分
　－　12時間15分
　　　（　）時間（　）分

問題 2　今日は 20 問の計算プリントを 2 分 39 秒で終えました。昨日より 15 秒早くなりました。昨日は何分何秒で終えたでしょう。（　）に符号を，☐に数字を入れて計算しましょう。

〈式〉☐分☐秒（　）☐秒＝☐分☐秒

〈筆算〉　　☐分　☐秒
　　（　）　　　☐秒
　　　　　☐分　☐秒

答え　　分　　秒

問題 3　家から映画館までバスで 30 分かかります。映画は，10 時 50 分から始まります。映画が始まる 10 分前に映画館に着くには，家を何時何分に出ればよいでしょう。（　）に符号を，☐に数字を入れて計算しましょう。

〈式〉10時50分（　）☐分（　）☐分
　＝☐時☐分

〈筆算〉　　10　時　　50　分
　　　　　　　　　☐分
　　（　）　　　　☐分
　　　　　☐時　☐分

答え　　時　　分

Ⅳ その他

3 速さを表す

> 速さ，道のり，時間を求められるようにしましょう。
> ※速さ＝道のり÷時間，道のり＝速さ×時間，時間＝道のり÷速さ

問題1 〈時間を求める問題〉
東京から静岡まで約180kmです。車で時速60kmの速さで進むと，何時間で着くでしょう。

式 _____   答え _____ 時間

問題2 〈速さを求める問題〉
鈴木さんはマラソンで30kmを2時間で走りました。時速何kmで走ったでしょう。

式 _____   答え 時速 _____ km

問題3 〈道のりを求める問題〉
時速60kmで走るバスがあります。この速さで2時間走ったとすると，進んだ距離は何kmでしょう。

式 _____   答え _____ km

問題4 佐藤さんは，家から駅まで2kmを30分で歩きました。歩く速さは時速何kmでしょう。

式 _____   答え 時速 _____ km

4 平均

いくつかの量や数を等しい大きさになるようにならしたものを平均といいます。平均＝合計÷個数の計算で求めることを理解し，生活のいろいろな場面で使えるようにしましょう。

問題 1 クラス8人で，学校の畑で育てたナスを収穫し，その数を表にしました。収穫した合計本数は何本でしょう。また，平均すると1人何本とったでしょう。

	佐藤	鈴木	大井	原田	安斉	中野	平井	久保
ナスの数(本)	12	18	5	10	7	6	13	9

（収穫合計数）
式　　　　　　　　　　　　　　　答え　　　　本

（1人平均本数）
式　　　　　　　　　　　　　　　答え　　　　本

問題 2 定員40名，積載量2600kgのエレベーターがあります。1人あたりの体重を，何kgで計算しているでしょう。

式　　　　　　　　　　　　　　　答え　　　　kg

問題 3 1袋133g入りのクッキーがあります。クッキー1枚あたりの重さは，平均9.5gでした。1袋には，何枚のクッキーが入っているでしょう。

式　　　　　　　　　　　　　　　答え　　　　枚

Ⅳ その他

問題 4 日曜日から土曜日までの7日間で、牛乳を 2800 mℓ 飲みました。1日に平均何 mℓ 飲んだでしょう。

式 _____   答え _____ mℓ

問題 5 図書室で貸し出した本の冊数を表にしました。貸し出した本の冊数の合計は何冊でしょう。また、1か月に平均何冊貸し出したでしょう。

月	4月	5月	6月	7月
冊数	36 冊	48 冊	64 冊	72 冊

(貸し出した本の合計冊数)
式 _____   答え _____ 冊

(1か月に貸し出した本の平均冊数)
式 _____   答え _____ 冊

問題 6 数学の小テストが5回ありました。点数は、80点、90点、85点、80点、95点でした。5回の合計点は何点でしょう。また、平均は何点でしょう。

(5回分の合計点)
式 _____   答え _____ 点

(1回の平均点)
式 _____   答え _____ 点

第2章 生活編

Ⅰ 自分の身の回りのこと

1 自分の身の回り

自分に合う洋服や靴を探すために，寸法について学習しましょう。

問題1 自分の胸囲（バスト）とウエストを測り，下の表の（　）に数字を書きましょう。また，あてはまるサイズに○をつけて，自分の寸法を☐に書きましょう。

（例）男性の場合　　　　　　　　　　　　　　JISサイズ表示

寸法	測る（cm）	S	M	L	LL
胸囲	84cm	(80〜88cm)	88〜96cm	96〜104cm	104〜112cm
ウエスト	77cm	68〜76cm	(76〜84cm)	84〜94cm	94〜104cm

ぼくの寸法は，☐M☐ です。

★胸囲とウエストの○の場所がずれているときは，大きい方の寸法を選びます。

〈自分の寸法を測ろう・メンズ〉　　　　　　JISサイズ表示

寸法	測る（cm）	S	M	L	LL
胸囲	(　　)	80〜88cm	88〜96cm	96〜104cm	104〜112cm
ウエスト	(　　)	68〜76cm	76〜84cm	84〜94cm	94〜104cm

ぼくの寸法は，☐ です。

〈自分の寸法を測ろう・レディース〉　　　　JISサイズ表示

寸法	測る（cm）	S	M	L	LL
胸囲	(　　)	72〜80cm	79〜87cm	86〜94cm	93〜101cm
ウエスト	(　　)	58〜64cm	64〜70cm	69〜77cm	77〜85cm

私の寸法は，☐ です。

2 身体計測の結果

身長と体重を記録し、自分の身体について知りましょう。

問題 1 次の表と折れ線グラフは、次郎君の身長と体重を記録したものです。自分の身長と体重を測り、同じように表とグラフに表しましょう。

〈次郎君の身長と体重〉

	4月	6月	9月	12月	3月
身長（cm）	155.2	157.0	158.3	159.5	161.8
体重（kg）	58.5	57.8	59.0	59.5	58.8

〈あなたの身長と体重〉

	4月	6月	9月	12月	3月
身長（cm）					
体重（kg）					

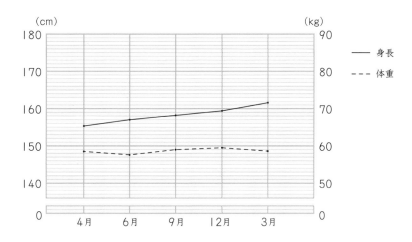

I 自分の身の回りのこと

③ スポーツテスト

体力の測り方を知り,自分の体力を測りましょう。

問題 1 次の種目の記録を読み取り,□に答えを書きましょう。

〈50m走〉

この部分（$\frac{1}{10}$秒未満）は切り上げます。
（例）09：43₁₂ → 9.5秒

□ 秒

〈垂直跳び〉

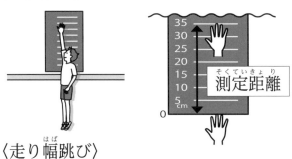

□ cm

〈走り幅跳び〉

□ m □ cm

問題 2 自分の記録を測って,□に書きましょう。

〈50m走〉　　　〈垂直跳び〉　　　〈走り幅跳び〉

□ 秒　　　□ cm　　　□ m □ cm

4 健康的な生活

健康的な生活を送るために必要なことを学習しましょう。

問題 1 月曜日から金曜日までのあなたの体温を測り，下の表に記録しましょう。

曜日	月	火	水	木	金
体温	℃	℃	℃	℃	℃

問題 2 下の図はある社会人の一日の生活を表したものです。寝る時刻と起きる時刻を □ に書きましょう。また，睡眠時間は何時間になるか考えて，□ に書きましょう。

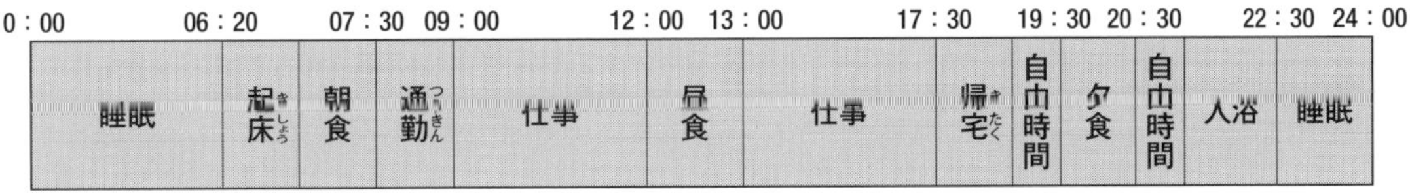

```
0:00      06:20  07:30 09:00    12:00 13:00    17:30 19:30 20:30   22:30 24:00
[睡眠] [起床][朝食][通勤] [仕事] [昼食] [仕事] [帰宅][自由時間][夕食][自由時間][入浴][睡眠]
```

| 寝る時刻　　時　　分 | 起きる時刻　　時　　分 | 睡眠時間　　時間　　分 |

問題 3 上の図を参考にして，自分の一日の生活を下の □ に表しましょう。また，寝る時刻，起きる時刻，睡眠時間を □ に書きましょう。

| 寝る時刻　　時　　分 | 起きる時刻　　時　　分 | 睡眠時間　　時間　　分 |

Ⅱ 毎日の生活

1 天気予報

天気予報で気温や降水確率などを調べて，生活に役立てましょう。

今日は月曜日です。インターネットで今週の天気を調べました。

週間天気	日	月	火	水	木	金	土
天　気	☀️☁️	☁️☂️	☁️	☁️	☁️☀️	☀️	☁️☀️
気　温（℃）	11 / 3	18 / 7	9 / 1	8 / 1	12 / 2	13 / 4	12 / 3
降水確率（％）	—	70	100	90	10	10	10
降水量（mm）	0						

問題 1 今日，出かけるときに持っていったほうがよいものはありますか。また，それはどうしてですか。下の □ に書きましょう。

持っていったほうがよいもの □

理由 □

問題 2 今日は，薄いジャンパーを着て出かけます。明日はどんなものを着ればよいでしょうか。また，それはどうしてですか。下の □ に書きましょう。

明日，着るとよいもの □

理由 □

2 買い物をして調理をし〔…〕

　買い物に行って，食事の材料をいくつか買〔…〕シート・支払い方などについて学習しまし〔…〕

スーパーマーケットでカレーラ〔…〕います。

ジャガイモ 60円	カレールー	42円	たまねぎ 58円

電卓を使って計算〔…〕が含まれています。

問題1　ジ〔…〕うと，い〔…〕。□に書きま〔…〕

　　答え　　　円

問題2　カレールーとたまねぎ2個を買うと，いくら払えばよいでしょう。□に書きましょう。

　　答え　　　円

問題3　豚肉を300g買うと，いくら払えばよいでしょう。□に書きましょう。

　　答え　　　円

問題4　にんじん2本とジャガイモ3個とカレールーを買うと，いくら払えばよいでしょう。□に書きましょう。

　　答え　　　円

Ⅱ 毎日の生活

レシートを読んでみよう

スーパーで買い物をして，下のレシートをもらいました。

問題 5　ジャガイモは1個いくらでしたか。☐に書きましょう。

答え　　　　　円

問題 6　にんじんは4本でいくらでしたか。☐に書きましょう。

答え　　　　　円

問題 7　消費税も入れた合計金額はいくらでしたか。☐に書きましょう。

答え　　　　　円

問題 8　そのうち，消費税はいくらでしたか。☐に書きましょう。

答え　　　　　円

問題 9　支払いのとき，いくら支払いましたか。☐に書きましょう。

答え　　　　　円

問題 10　お釣りは，いくらでしたか。☐に書きましょう。

答え　　　　　円

問題 11　小遣い帳に書く「支出」はいくらですか。☐に書きましょう。

答え　　　　　円

スーパー○○
［領収書］

○○県△△市□□□
電話：1234-56-7890
2016年○月○日（日）16:15

ジャガイモ
　　115　　　　　3個　　345
にんじん
　　72　　　　　4本　　288
豚肉（250ｇ）　　　　　485

小計　　　　　　　￥1,118
（内消費税等）　　　￥89）
合計　　　　　￥1,118
　上記正に領収いたしました
お預り　　　　　￥1,500
お釣　　　　　￥382

買い物をして、レシートを2枚もらいました。

スーパー○○
[領収書]

2016年7月2日（土）16：15

コーラ
　75　　　　　　2個　150

小計　　　　　　　　¥150
（内消費税等　　　　¥12）
合計　　　　　　　¥150
　上記正に領収いたしました。
お預り　　　　　　　¥500
お釣　　　　　　　¥350

コンビニ○○
[領収書]

2016年7月5日（火）13：20

ポテトスナック　　　128

小計　　　　　　　　¥128
（内消費税等　　　　¥10）
合計　　　　　　　¥128
　上記正に領収いたしました。
お預り　　　　　　　¥200
お釣　　　　　　　　¥72

問題12　レシートを見て、下の小遣い帳にそれぞれ書き写しましょう。

月　日	ことがら	収　入	支　出	残　高
	くりこし	4,532		4,532

Ⅱ　毎日の生活

問題13　割引シールが貼ってある牛乳の値段はいくらになるでしょう。□に書きましょう。

牛乳　¥200（税込）　10%引き

10%引きのときは90%をかけるよ。

電卓を使って計算しよう

AC/ON　2　0　0　×　9　0　％

答え　　　　円

問題14　次の商品はいくらになるでしょう。右の□に書きましょう。

鮭の切り身　¥280（税込）　2割引き

2割は20%のことだよ。

答え　　　　円

セーター　¥2,000（税込）　半額

半額は50%引きのことだよ。

答え　　　　円

シューズ　¥1,280（税込）　200円引き

答え　　　　円

問題15　500円の冷凍食品があります。A店は30％引きで、B店は100円引きで売っています。どちらのお店のほうが安いでしょう。□に書きましょう。

答え　　　　店のほうが安い

問題 16 お釣りを少なくするには、財布の中からいくら支払えばいいでしょう。支払うお金を○で囲みましょう。また、お釣りも計算して右の □ に書きましょう。

① 買い物の合計金額が116円でした。

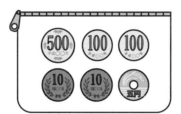

お釣り　　　円

② 買い物の合計金額が382円でした。

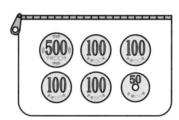

お釣り　　　円

③ 買い物の合計金額が1,275円でした。

お釣り　　　円

④ 買い物の合計金額が982円でした。

お釣り　　　円

Ⅱ　毎日の生活

調理をしよう　―レシピの読み方―

たけしくんは，夕食にカレーを作ります。家族4人の分を作りたいと思っています。
カレールーの箱の裏にレシピが書いてありますが，2人分しか書いてありません。

ポークカレー　レシピ（2人分）

■材料■

豚肉	100 g
たまねぎ	1 個
にんじん	¼ 本
ジャガイモ	½ 個
水	300 ㎖
サラダ油	大さじ ½
カレールー	¼ 箱

問題 1　4人分作るには，それぞれどのぐらいの量が必要ですか。
　　　　　□に書きましょう。

①豚肉は何g必要ですか。

答え　　　　　g

②にんじんは何本必要ですか。

答え　　　　　本

③ジャガイモは何個必要ですか。

答え　　　　　個

④カレールーは何箱必要ですか。

答え　　　　　箱

買い物をして調理しよう

まさみさんは，今日食事当番で，野菜炒めを8人分作ることになりました。

野菜炒め2人分のレシピを見て，買い物に行きます。

スーパーに行くと，いろいろな物が割引で売っていました。

野菜炒め　レシピ（2人分）

■材料■

鶏もも肉	200 g
にんじん	½ 本
ピーマン	1 個
キャベツ	¼ 玉
塩・サラダ油	適量

−20%
ピーマン 2個
￥100（税込）

−20%
キャベツ 半玉
￥80（税込）

−30%
鶏もも肉 100 g
￥120（税込）

半額
にんじん 1本
￥60（税込）

問題2 野菜炒め8人分に必要な材料を書きましょう。

鶏もも肉	にんじん	ピーマン	キャベツ
g	本	個	玉

Ⅱ 毎日の生活

問題 3　野菜炒め8人分に必要な材料はいくらになりますか。それぞれ □ に書きましょう。

○鶏もも肉

答え　　　円

○にんじん

答え　　　円

○ピーマン

答え　　　円

○キャベツ

答え　　　円

○4品の合計金額

答え　　　円

問題 4　4品の合計金額を支払うとき、財布には下のようなお金が入っていました。お釣りをなるべく少なくするためには、いくら支払えばいいですか。払うお金を○で囲みましょう。また、お釣りも計算して右の □ に書きましょう。

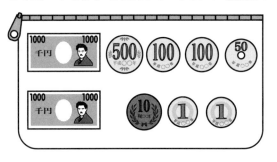

お釣り　　　円

レンジ等の使い方

問題1　この電子レンジで3分加熱したいときは、どのボタンを何回押せばよいでしょう。□に書きましょう。

答え

問題2　この電子レンジで1分40秒加熱したいときは、どのボタンを何回押せばよいでしょう。□に書きましょう。

答え

問題3　今、夜の9時です。この炊飯器で、9時間後にご飯が炊けるように予約をしました。ご飯は明日の何時に炊けるでしょう。□に書きましょう。

答え　　　　　時

問題4　この炊飯器には早炊きボタンがあり、早炊きすると45分でご飯が炊けます。夜の6時からご飯を食べたいときは、何時何分より前に早炊きボタンを押せばよいでしょう。□に書きましょう。

答え　　　時　　　分

Ⅱ 毎日の生活

③ 週の予定・年間の予定

カレンダーの見方を学習し，いろいろなことを調べてみましょう。

6月

日	月	火	水	木	金	土
1	2	3	4	5	6	7
8	9	10	11	12	13	14
15	16	17	18	19	20	21
22	23	24	25	26	27	28
29	30					

この6月の手帳を見て答えましょう。

問題1 6月1日（日曜日）の1週間後は何月何日でしょう。◯に書きましょう。

答え　　月　　日

問題2 のぞみさんは，月曜日から金曜日まで仕事で，土曜日と日曜日は休みです。のぞみさんは，6月は何日仕事に行くでしょう。◯に書きましょう。

答え　　日

問題3 あきらくんは，6月3日から，毎日10円ずつ貯金箱に入れて貯金を始めました。6月30日には貯金は何円になっているでしょう。◯に書きましょう。

答え　　円

問題 4　たけしくんは，6月13日に風邪をひいて，朝，病院に行き，薬を5日分もらいました。薬を飲み終わるのは何月何日でしょう。□に書きましょう。

答え　　月　　日

問題 5　としこさんは，6月7日と21日の土曜日は，13時からプールに行く予定です。また，6月15日の日曜日は，11時から映画に行く予定です。前のページの手帳に，としこさんの予定を書き入れましょう。

問題 6　としこさんは，友達のなおみさんから買い物に誘われました。6月の土曜日か日曜日のどれかの日に行きたいそうです。なんと返事をすればよいでしょう。□に書きましょう。

答え

問題 7　ひろきくんは，6月29日の次の日曜日が誕生日です。ひろきくんの誕生日は何月何日でしょう。□に書きましょう。

答え　　月　　日

問題 8　6月は30日で終わりですが，1年のうちで31日まである月は何月ですか。すべて□に書きましょう。

答え

III 学校生活

1 いろいろなグラフ

いろいろなグラフの種類を知り，表から情報を読み取ったり，その数値をグラフで表したりしてみましょう。

問題1 下のグラフは，好きな食べ物のアンケートをとった結果です。順位を ◯ に書きましょう。

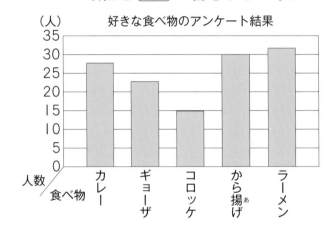

- カレー ◯ 位
- ギョーザ ◯ 位
- コロッケ ◯ 位
- から揚げ ◯ 位
- ラーメン ◯ 位

問題2 下のグラフは，世界のCO_2（二酸化炭素）排出量を表しています。これを見て，次の問題の答えを ◯ に書きましょう。

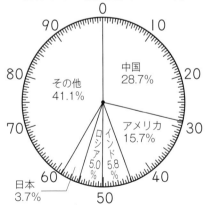

出典：EDMC／エネルギー・経済統計要覧 2016 年版
全国地球温暖化防止活動推進センターウェブサイト
(http://www.jccca.org/) より
※問題作成の都合上，一部データを変えています。

① CO_2の排出量が最も多い国を書きましょう。

答え ◯

② 日本は何番目に多いでしょう。

答え ◯

問題 3　下のグラフは，京都市の月ごとの降水量を表しています。雨が多い月は，何月でしょう。1位から3位までを下の□に書きましょう。

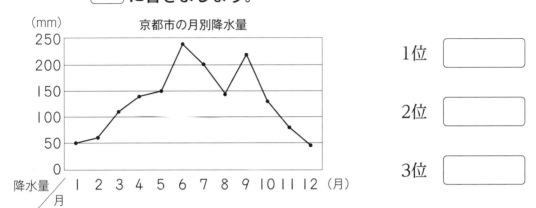

京都市の月別降水量

1位 □

2位 □

3位 □

問題 4　1日に何時間ゲームをしているか，アンケートをとりました。結果を表やグラフにまとめましょう。

アンケート結果

1日に何時間ゲームをしていますか？（30人が回答）
・1時間未満→3人　・1～2時間→18人　・2～3時間→6人
・3～4時間→2人　・4時間以上→1人

① アンケート結果を表にしてみましょう。割合も出し，（　）に人数と割合を書きましょう。わり切れない場合，小数点以下を四捨五入して求めましょう。

☆割合を表す0.01を1パーセントといい，1％と書きます。パーセントで表した割合を，百分率といいます。
百分率＝比べられる量÷もとにする量×100
☆合計が100％にならないときは，割合の一番大きい部分か，「その他」で調整します。

時間	人数（人）	割合（％）
1時間未満	(　)	(　)
1～2時間	(　)	(　)
2～3時間	(　)	(　)
3～4時間	(　)	(　)
4時間以上	(　)	(　)
総数	(　)	(　)

Ⅲ　学校生活

②　棒グラフに表してみましょう。

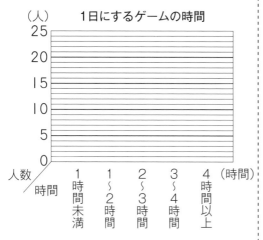

③　折れ線グラフに表してみましょう。

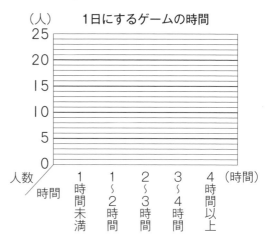

④　百分率で，円グラフに表してみましょう。

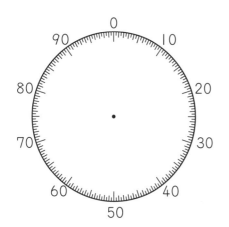

※百分率の大きい順に，右回りに区切っていきます。

⑤　百分率で，帯グラフに表してみましょう。

1日にするゲームの時間

※百分率の大きい順に，左から書いていきます。

Ⅲ 学校生活

問題 5 下の表は、東京の月別平均気温を表したものです。それぞれの問題に答えましょう。

月	1	2	3	4	5	6	7	8	9	10	11	12
平均気温（℃）	5.5	6.2	12.1	15.2	19.8	22.9	27.3	29.2	25.2	19.8	13.5	8.3

① 折れ線グラフに表しましょう。

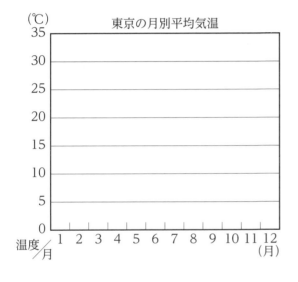

② 一年のうち最も気温が高いのは何月ですか。（　　月）

③ 一年のうち最も気温が低いのは何月ですか。（　　月）

④ 急に気温が上がるのは、何月と何月の間ですか。
　　　　　（　　月と　　月の間）

⑤ 最高気温と最低気温の差は何℃ですか。（　　　℃）

問題 6 下の折れ線グラフは、田中さんの月々の携帯電話の利用代金を表したものです。それぞれの問題に答えましょう。

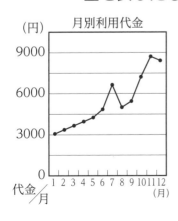

① 最も高かったのは何月ですか。（　　月）

② 利用代金が下がったのは何月と何月ですか。　　　　　（　　月と　　月）

③ グラフからわかることはどれですか。

　㋐　朝より夜の方が使っている。
　㋑　だんだん利用料金が上がっている。
　㋒　友達に電話をかけることが多い。
　　　　　　　　　　　　　　（　　）

問題 7　市役所の利用状況をまとめました。下の表は，曜日ごとの会議室とホールの利用回数を表したものです。それぞれの問題に答えましょう。

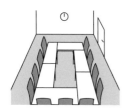

会議室の利用状況

曜日	月	火	水	木	金	土	日
利用回数（回）	7	4	5	4	6	2	1

ホールの利用状況

曜日	月	火	水	木	金	土	日
利用回数（回）	4	8	9	6	5	12	15

①　下の棒グラフを完成させましょう。

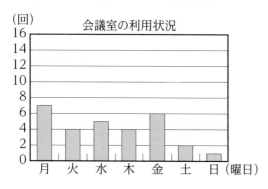
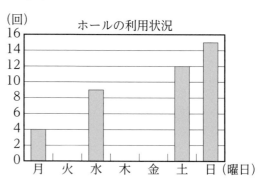

②　月曜日に利用が多いのは会議室とホールのどちらですか。
　　　　　　　　　　　　　　　　　（　　　　　）

③　全体的に利用が多いのは会議室とホールのどちらですか。
　　　　　　　　　　　　　　　　　（　　　　　）

④　一番利用が多いのは，何曜日のどこですか。
　　　　　　　　　　　　（　　　曜日の　　　　　）

Ⅳ 楽しむ（余暇(よか)）

1 遊びに行こう

いろいろなところに行って，余暇活動を楽しむために必要な時刻(じこく)や時間の勉強をしましょう。

問題1 行きたい場所（目的地）を決め，必要なことを調べて ☐ に書きましょう。

目的地 ☐

① 休館日（休みの日）を調べよう。 ☐ 曜日 （第2土曜日などもあるので要注意）

② 開館している時間（営業(えいぎょう)時間）を調べよう。 ☐ ： ☐ ～ ☐ ： ☐

③ 料金を調べよう。 ☐ 円

④ 目的地に着きたい時刻を決め，行き方を調べよう。

目的地					
出発地 （駅やバス停など）	出発時刻		到着(とうちゃく)時刻	到着地 （駅やバス停など）	かかる時間
家	：	→	：		(A) 　　分
	：	→	：		(B) 　　分
	：	→	：	目的地	(C) 　　分
					合計 (D) 　　分

＊バスや電車に乗っている時間は，インターネットでも調べられます。

Ⅳ 楽しむ（余暇）

⑤ 家から目的地までかかる時間（D）を計算しましょう。（2通りの出し方があります。）

- (A) ☐ 分 +(B) ☐ 分 +(C) ☐ 分 =(D) ☐ 分

- ☐ ： ☐ − ☐ ： ☐ =(D) ☐ 分
  （目的地到着時刻）　　（家を出発する時刻）

⑥ 家から目的地まで（D）分かかります。家に18時に到着するには，何時何分に目的地を出発するとよいですか。☐に答えを書きましょう。

18：00 −（D）☐ 分 = ☐ ： ☐

〈練習問題〉（　）に答えを書きましょう。

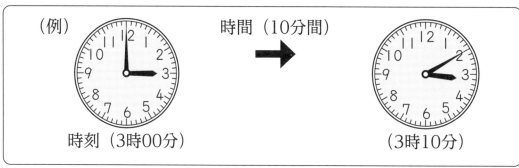

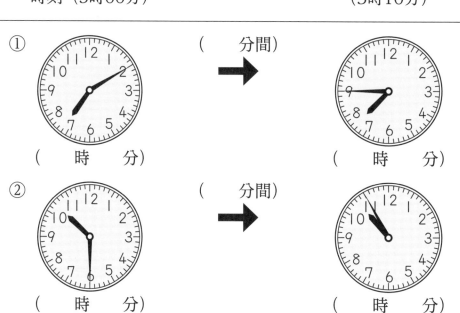

〈練習問題〉（　　）に答えを書きましょう。

(例)　１１時間４５分
　＋２２時間１０分
　―――――――――
　(33)時間(55)分
　↓
　(1)日と
　(9)時間(55)分

①　１２時間１５分
　＋１５時間３５分
　―――――――――
　(27)時間(50)分
　↓
　(1)日と
　(3)時間(50)分

②　１６時間１３分
　＋１０時間２６分
　―――――――――
　(26)時間(39)分
　↓
　(1)日と
　(2)時間(39)分

③　１４時間１６分
　＋１３時間１５分
　―――――――――
　(27)時間(31)分
　↓
　(1)日と
　(3)時間(31)分

④　５２時間４５分
　－２２時間１０分
　―――――――――
　(30)時間(35)分
　↓
　(1)日と
　(6)時間(35)分

⑤　３６時間２５分
　－　５時間１５分
　―――――――――
　(31)時間(10)分
　↓
　(1)日と
　(7)時間(10)分

⑥　５２時間４３分
　－１０時間２６分
　―――――――――
　(42)時間(17)分
　↓
　(1)日と
　(18)時間(17)分

⑦　４５時間３６分
　－１２時間２５分
　―――――――――
　(33)時間(11)分
　↓
　(1)日と
　(9)時間(11)分

Ⅳ 楽しむ（余暇）

問題 2 昨日は6時40分に起きました。今日はサッカークラブの朝練習があるので，6時15分に起きました。今日は昨日より何分早く起きたでしょう。（　）に符号を，☐に数字を入れて計算しましょう。

〈式〉 ☐時☐分（　）☐時☐分＝☐分

〈筆算〉
　　　☐時☐分
（　）☐時☐分
　　　　　☐分

答え　　　分

問題 3 朝7時10分に起きて45分後に家を出ました。家を出た時刻は何時何分でしょう。（　）に符号を，☐に数字を入れて計算しましょう。

〈式〉 ☐時☐分（　）☐分＝☐時☐分

〈筆算〉
　　　☐時☐分
（　）　　☐分
　　　☐時☐分

答え　　時　　分

2 友達との待ち合わせ

友達と待ち合わせるときに必要な時刻や時間，お金の学習をしましょう。

問題1 土曜日に友達と映画を見に行くことになりました。待ち合わせる時刻とバスに乗る時刻，家を出る時刻をそれぞれ求めましょう。

映画館行き時刻表			
	平日	土曜	日祝日
9	05 35	05 45	13 52
10	06 40	13 40	30 51
11	13	10	18
12	00 40	05 48	05 50

Ⓐ家を出る時刻　　Ⓑバスに乗る時刻　　Ⓒ待ち合わせる時刻　　映画開始（11時20分）

 → → →

　　　　　徒歩10分　　　　バス50分　　　　　準備15分

① 映画開始（11時20分）－15分＝Ⓒ待ち合わせる時刻（　　時　　分）

② Ⓒ（　　時　　分）－50分＝（　　時　　分）

　＊時刻表を見て一番近い時刻をチェック→
　　Ⓑバスに乗る時刻（　　時　　分）

③ Ⓑ（　　時　　分）－10分＝Ⓐ家を出る時刻（　　時　　分）

問題2 小遣いが3,000円あります。昼食にいくら使えるか求めましょう。（バスに乗るとき，「6」と書かれた整理券を取りました。映画代は，1,000円です。）

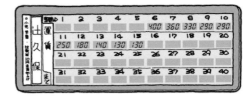

行きのバス代	映画代	帰りのバス代
①（　　　）円	②（　　　）円	③（　　　）円

（式）　3,000円－（①＋②＋③）＝ 昼食代　　　　円

Ⅳ 楽しむ（余暇）

3 デパートへ行こう

休日にいろいろなところに出かけるときには，経路を調べ，スケジュールを立てたり予算を立てたりします。時間や時刻，簡単な支払いの計算の勉強をしましょう。

〈練習問題〉 □ にあてはまる数を書きましょう。

① 1時間＝ □ 分　　　　② 2時間＝ □ 分

③ 1日＝ □ 時間　　　　④ 2日＝ □ 時間

⑤ 36時間＝ □ 日 □ 時間　　⑥ 140分＝ □ 時間 □ 分

⑦ 25時間＝ □ 日 □ 時間　　⑧ 65分＝ □ 時間 □ 分

〈練習問題〉（例）を見て，時計の針と時刻を書きましょう。

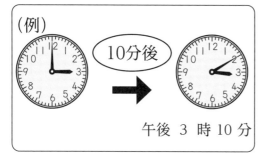

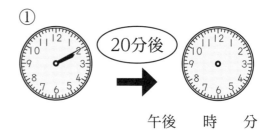

午後　　時　　分

午後　　時　　分

午後　　時　　分

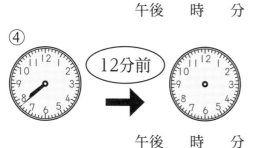

午後　　時　　分

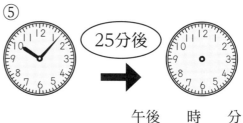

午後　　時　　分

〈練習問題〉 財布の中のお金を使って、お釣りが少なくなるように支払いたいです。☐に支払う金額を書いて、使うお金を◯で囲みましょう。また、（　）にお釣りの金額を書きましょう。

(例) 1,980円
(支払い代金) 2,000 円 （お釣り20円）

① 525円
(支払い代金) ☐ 円 （お釣り　　円）

② 3,680円
(支払い代金) ☐ 円 （お釣り　　円）

③ 580円
(支払い代金) ☐ 円 （お釣り　　円）

④ 365円
(支払い代金) ☐ 円 （お釣り　　円）

⑤ 2,370円
(支払い代金) ☐ 円 （お釣り　　円）

Ⅳ 楽しむ（余暇）

4 レストランへ行こう

伝票の見方を勉強し，友達と一緒に食事をしたときの支払い方法を学びましょう。

問題 1 伝票を見ながら，それぞれいくら支払うか計算しましょう。ギョーザとポテトは3人で割り勘にします。

※品物の金額には消費税が含まれています。

① 個々に食べた合計金額を出します。

伝　票		
品名	数量	金額
ギョーザ	1	450
オニオンサラダ	1	490
ポテト	1	540
ラーメン	1	650
チャーハン	1	705
チュウカドン	1	700
ウーロンチャ	3	600
合　計		¥4,135

川田さん

オニオンサラダ　¥490
チャーハン　　　¥705　　合計　□円
ウーロンチャ　　¥200

大場君

ラーメン　　　　¥650
ウーロンチャ　　¥200　　合計　□円

西田さん

チュウカドン　　¥700
ウーロンチャ　　¥200　　合計　□円

②　ギョーザは3人で食べたので割り勘にしました。1人あたりいくらですか。

(式) ☐

(答え) ☐ 円

③　ポテトも3人で割ります。1人あたりいくらですか。

(式) ☐

(答え) ☐ 円

④　個々の合計金額（①）に，割り勘したギョーザ（②）と，ポテトの金額（③）を足します。

（川田さん）
　(式) ☐
　(答え) ☐ 円

（大場君）
　(式) ☐
　(答え) ☐ 円

（西田さん）
　(式) ☐
　(答え) ☐ 円

IV 楽しむ（余暇）

5 カタログや広告

いろいろなカタログがあることを知り，見方を知って必要な情報を得られるようにしましょう。

問題 1 部屋に，どのように，どのくらいの大きさの家具や電化製品を置いたらよいか，（例）を参考にして，下に描いてみましょう。

（例）

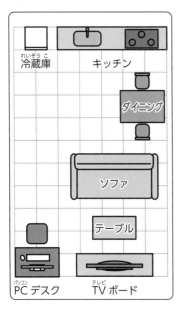

6 小物入れを作ろう

図を見ながら作ってみましょう。

問題 1 図を見ながら，箱を作ってみましょう。

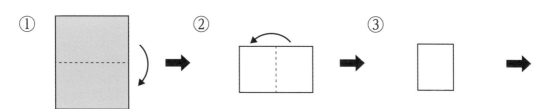

① 長方形の紙を半分に折る。　② さらに半分に折る。　③

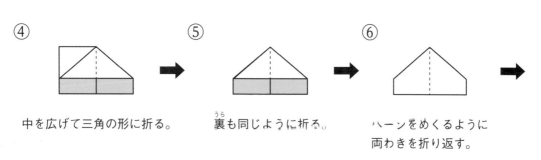

④ 中を広げて三角の形に折る。　⑤ 裏も同じように折る。　⑥ ハーンをめくるように両わきを折り返す。

⑦ 真ん中の折り目に合わせて端を折る。　⑧ 反対も同じように折る。裏も同じように折る。　⑨ 下の部分を上に折る。裏も同じように折る。

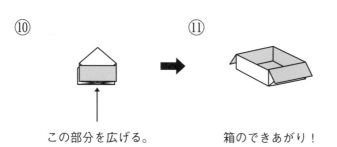

⑩ この部分を広げる。　⑪ 箱のできあがり！

Ⅳ 楽しむ（余暇）

問題 2 図を見ながら，卒業式や入学式で使う桜の花を作ってみましょう。

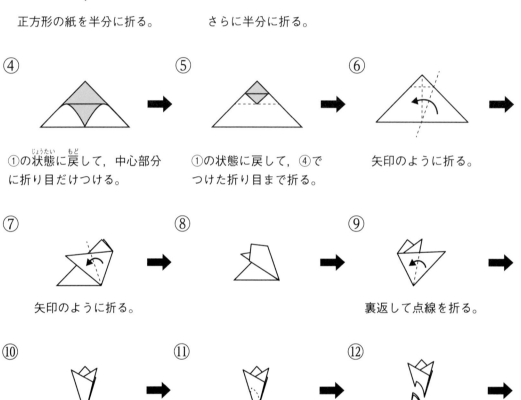

切り取ったほうの紙を広げて桜の花びらのできあがり！

Ⅴ 生活を豊かに（暮らし）

1 1か月の暮らし（生活費）

毎月25日に小遣いを6,000円もらいますが，いつも足りなくなってしまいます。1か月の小遣いの使い方を考えてみましょう。

★アイデア① 小分けにして使っていく方法。

問題1 1か月は何日ありますか。正しいものに○をつけましょう。

① 20日　　　② 40日　　　③ 28日～31日

問題2 1か月を30日として，3等分すると何日になりますか。
□に数字を入れて計算しましょう。

30(日) ÷ 3 = □ (日)

☆この日数に分けて小遣いを使ってみましょう。
☆次に，いくら使えるか考えてみましょう。

V 生活を豊かに（暮らし）

問題3 小遣いを 6,000 円として，3 等分するといくらになりますか。
□ に数字を入れて計算しましょう。

6,000(円) ÷ □ = □ (円)

☆つまり，10日間で □ 円使えます。

問題4 10日間で 2,000 円使えるとしたら，1日にいくら使えますか。
□ に数字を入れて計算しましょう。

□ (円) ÷ □ (日) = □ (円)

★アイデア②　表に買いたい物を全部書き出して，1か月 6,000 円の小遣いで買える物を選ぶ方法。

(例)

欲しい物	今の気持ち	値段の比較	決断
ゲームソフト	㊀絶対欲しい㊁ 欲しい	A店 3,000 円 ㊀B店 2,870 円㊁	㊀買う㊁ 貯金して買う あきらめる

　　　　　　(小遣い)　　　　　　(欲しい物)　　　　　　(残ったお金)
① 6,000 円 － (ゲームソフト)2,870円 ＝ 3,130 円
　　　　　　(残ったお金)　　　　(欲しい物)　　　　　　(残ったお金)
② 3,130 円 － (本) 1,200 円 ＝ 1,930 円
③ 1,930 円 － (ランチ)1,500 円 ＝ 430 円

問題 5　(例)を見て，自分の欲しい物を表に書き出してみましょう。

〈欲しい物リスト〉

欲しい物	今の気持ち (○で囲もう。)	値段の比較 (店の名前と値段を書いて， 買いたいほうを○で囲もう。)		決断 (○で囲もう。)
	絶対欲しい 欲しい	店 店	円 円	買う 貯金して買う あきらめる
	絶対欲しい 欲しい	店 店	円 円	買う 貯金して買う あきらめる
	絶対欲しい 欲しい	店 店	円 円	買う 貯金して買う あきらめる
	絶対欲しい 欲しい	店 店	円 円	買う 貯金して買う あきらめる
	絶対欲しい 欲しい	店 店	円 円	買う 貯金して買う あきらめる

問題 6　(例)を見て，☐に絶対欲しい物の金額を入れて計算してみましょう。

① (小遣い) ☐ 円 － (欲しい物) ☐ 円 ＝ (残ったお金) ☐ 円

② (残ったお金) ☐ 円 － (欲しい物) ☐ 円 ＝ (残ったお金) ☐ 円

③ (残ったお金) ☐ 円 － (欲しい物) ☐ 円 ＝ (残ったお金) ☐ 円

☆残りのお金がなくなったら買えません。計算しながら考えましょう。

V 生活を豊かに（暮らし）

② 計画的な支出

計画的にお金を使うにはどうしたらよいか，今月の小遣いの使い道をもとに考えてみましょう。

問題 1 右のイラストを費目別に分けて，表に書きましょう。

費目	食費	金額（円）	合計金額（円）
品目	（例）ポテトチップス	123	

費目	被服費	金額（円）	合計金額（円）
品目			

費目	交通費	金額（円）	合計金額（円）
品目			

費目	娯楽費	金額（円）	合計金額（円）
品目			

費目	通信費	金額（円）	合計金額（円）
品目			

ボウリング 500円　　ポテトチップス 123円

携帯電話代 3,600円　　遊園地 3,200円

ハンバーガー 340円　　帽子 980円

電車 310円　　映画 1,800円

お茶 160円　　ジャンパー 2,750円　　Tシャツ 1,200円

問題 2　食費, 被服費, 交通費, 娯楽費, 通信費の中で, 一番多く使った費目は何でしょう。合計金額を比べましょう。

順位	費　　目	金　　額（円）
1位		
2位		
3位		
4位		
5位		

問題 3　小遣い 5,000 円を超過しないように, 前ページのイラストの中で使いたい物を考えて, 下の表に書きましょう。

品　　目	使うお金（支出）	残ったお金（残高）

V　生活を豊かに（暮らし）

問題 4　自分で使った1週間分のレシートを集めて，表に書きましょう。

（例）

日付	費目	ことがら（品目）	入ったお金（収入）	使ったお金（支出）	残ったお金（残高）
8/1		小遣い	5,000		
8/3	食費	ハンバーガー		340	4,660
8/7	娯楽費	映画		1,800	2,860
8/8	被服費	ジャンパー		2,750	110

日付	費目	ことがら（品目）	入ったお金（収入）	使ったお金（支出）	残ったお金（残高）
/					
/					
/					
/					
/					
/					
/					
/					
/					
/					
/					
/					
/					
/					

3 手紙を出そう

　　手紙を出すときに，必要なことを調べてみましょう。

※郵便代金は変更になる場合があります。日本郵便ホームページなどを参照して，実際の料金を確認してください。

問題 1 郵便について調べて，□ に答えを書きましょう。

★手紙を送るときのポイント（各自で調べて答えましょう。）

重さ	料金
25g 以内	□ 円
50g 以内	□ 円

長さ・高さ・幅

★宅配便を送るときのポイント（下の表を見て答えましょう。）

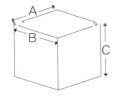

同一都道府県内への配送	
A＋B＋Cの合計	料金
60cm 以内	690 円
80cm 以内	900 円
100cm 以内	1,130 円

取扱い窓口への持ち込み割引	
A社	100 円
B社	110 円
C社	120 円

同一都道府県内への配送で
A＋B＋Cの合計が60cmのとき　➡　 円

取扱い窓口に持ち込むとき
C社の場合　➡　 円割引

★速達を送るときのポイント（各自で調べて答えましょう。）

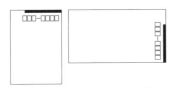

250gまでの郵便物の速達料金は，
　　　　基本料金＋□ 円

右上，右側に赤い線を引く。

Ⅴ 生活を豊かに（暮らし）

4 住居

暮らしの中で必要な、電気や部屋についての情報を調べましょう。

問題1 家で契約しているアンペアを調べてみましょう。

答え　　　　アンペア

問題2 契約アンペアの大きさは、同時に使用できる電気の量を表しています。契約しているアンペアで、同時にどれだけの電気機器を使用できるか次ページの目安の表を見て記入欄に書いてみましょう。

（例）＊アンペアは、「A」で表します。

主な電気機器のアンペアの目安

電気機器	アンペア	電気機器	アンペア
エアコン	冷房 5.5A 暖房 6.5A	冷蔵庫	2.5A
パソコン	1.5A	電子レンジ	15A
テレビ	4.8A	炊飯器	14A
掃除機	2A	こたつ	5A
アイロン	14A	乾燥機(かんそうき)	13A
ヘアドライヤー	10A	空気清浄機(くうきせいじょうき)	0.8A

★記入欄   ＊アンペアは，「A」で表します。

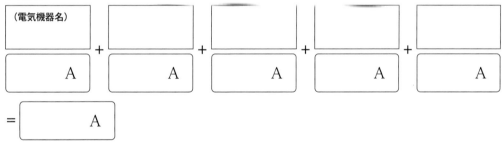

(このアンペアが，家で契約しているアンペアより小さければよい。)

Ⅴ 生活を豊かに（暮らし）

5 働く

働くときに必要な休暇の取り方について学びましょう。

年次有給休暇とは，休日とは別に，休んでも出勤と同様に賃金が支払われる休暇のことで，労働基準法39条で決められています。Aさんの会社は1年目は15日の休暇が取れます。1時間単位でも取れます。勤務時間は8時間です。下の表を見て，問題に答えましょう。

スタート日数は **15** 日 **0** 時間 **0** 分

日付		とる年休			累計時間			残日数		
月	日	日	時	分	日	時	分	日	時	分
4	26		2		0	2	0	14	6	00
6	7		1		0	3	0	14	5	00
7	8	4			4	3	0	10	5	00

問題 1 8月2日に，年次有給休暇を「1日」取りました。
上の表に記入しましょう。

問題 2 10月15日に，年次有給休暇を「2時間」取りました。
上の表に記入しましょう。

● 監修
明官　茂（めいかん　しげる）
独立行政法人国立特別支援教育総合研究所研修事業部長《兼》上席総括研究員（学校教育支援担当）
元東京都立町田の丘学園校長、元全国特別支援学校知的障害教育校長会会長

● 執筆　※執筆順、所属は執筆時

沢井真里子（東京都立あきる野学園主任教諭）……………………………………第1章-Ⅰ

安斉　好子（元東京都立あきる野学園主任教諭）……………………………………第1章-Ⅱ.Ⅲ.Ⅳ
　　　　　　　　　　　　　　　　　　　　　　　　　　　　　　　　　第2章-Ⅲ.Ⅳ.Ⅴ

橋本　康太（東京都立町田の丘学園主任教諭）………………………………………第2章-Ⅱ

※第2章Ⅰ…編集委員会

くらしに役立つワーク数学

2017（平成29）年11月28日　初版第１刷発行
2024（令和６）年３月１日　初版第５刷発行

監　　修：明官　茂
発 行 者：錦織　圭之介
発 行 所：株式会社 東洋館出版社
　　　　　〒101-0054　東京都千代田区神田錦町2丁目9番1号
　　　　　　　　　　　コンフォール安田ビル2階
　　　　　代　表　電話03-6778-4343　FAX03-5281-8091
　　　　　営業部　電話03-6778-7278　FAX03-5281-8092
　　　　　振替　00180-7-96823　URL https://www.toyokan.co.jp

編集協力：株式会社あいげん社
装　　丁：株式会社明昌堂
印刷製本：藤原印刷株式会社

ISBN978-4-491-03361-7　　　　　　　　　　Printed in Japan

p8-9

I 数と計算

1 大きい数

家賃や電気代を支払ったり、大きな買い物をしたりするときに、大きな数がでてきます。大きな数の学習をしましょう。

問題1 37482000について、それぞれの数字は何の位でしょう。□にあてはまる位を書きましょう。

3→百万の位　7→十万の位　4→一万の位　8→千の位　2→百の位　0→十の位　0→一の位

問題2 下の数を読んで、□に算用数字で書きかえましょう。

① 三千五百七十一万六千二百 → 35716200
② 八百四十三万二千五百三十 → 8432530

問題3 どちらの数が大きいでしょう。大きい方に○をつけましょう。

① 2,800 ・ ㊂3,800　② 6,530 ・ ㊂65,300
③ ㊂249,800 ・ 248,900　④ ㊂71,080 ・ 7,180

問題4 一番大きい数に○をつけましょう。

① 2,800　② ㊂12,300　③ ㊂223,000　④ 64,000
　4,100　　9,700　　　136,200　　　10,890
　㊂6,000　10,900　　　8,800　　　　㊂112,800

問題5 5,000円で買える物には○を、買えない物には×を（ ）の中に書きましょう。金額は、消費税も入った金額です。

2,700円　5,246円　16,800円　9,800円
①（○）②（×）③（×）④（×）

15,000円　4,700円　6,480円　3,980円
⑤（×）⑥（○）⑦（×）⑧（○）

問題6 金額が大きい順に並べましょう。下の□に金額を書きましょう。

給料　飛行機代　パソコン購入代　電気代
36,000円　12,000円　58,200円　22,800円

大きい順　58,200円 → 36,000円 → 22,800円 → 12,000円

---

p10-11

I 数と計算

2 小数

体温計を読むときや、長さや重さをいうときに、小数がでてきます。小数の読み方や書き方、簡単な計算を学習しましょう。

問題1 数の分だけ色をぬりましょう。

（例）0.2　① 0.5　② 0.9

問題2 □に数字を書きましょう。

① 0　0.1 0.2 0.3 0.4 0.5 0.6 0.7 0.8 0.9 1
② 0　0.4　1.5　2.7　4.3　5

問題3 （ ）の中に数を書きましょう。

① 1と0.5をあわせた数…（ 1.5 ）
② 2と0.4をあわせた数…（ 2.4 ）
③ 1を3個、0.1を6個あわせた数…（ 3.6 ）
④ 1を5個、0.1を3個あわせた数…（ 5.3 ）

問題4 テープの長さは何cmでしょう。□に数を書きましょう。

① 3.2 cm　② 5.5 cm

問題5 水のかさは全部で何ℓでしょう。□の中に書きましょう。

① 3.5 ℓ
② 23.2 ℓ

問題6 筆算で計算して、答えを□に書きましょう。

① 51.2+2.3 = 53.5
```
  5 1.2
+   2.3
  5 3.5
```

② 42.3+1.6 = 43.9
```
  4 2.3
+   1.6
  4 3.9
```

③ 26.8+2.5 = 29.3
```
  2 6.8
+   2.5
  2 9.3
```

p12-13

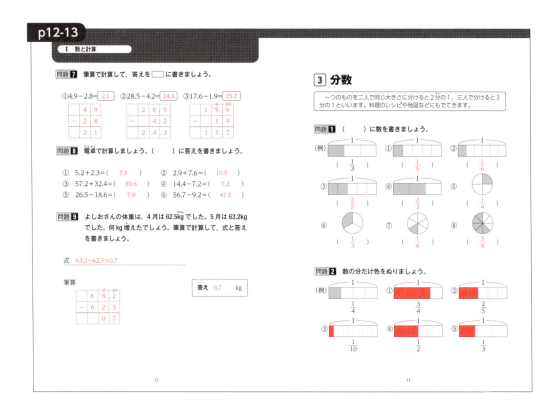

p14-15

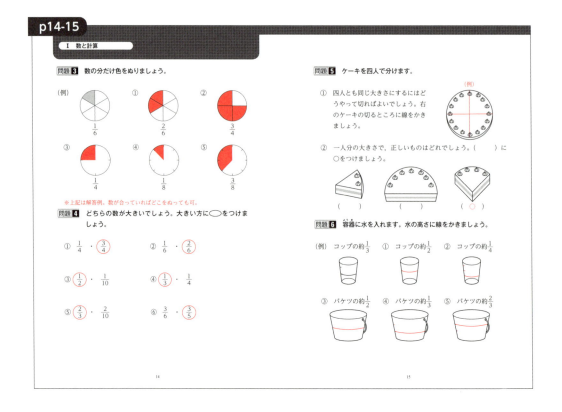

p16-17

I 数と計算

4 正の数・負の数

0より小さい数が負の数です。天気予報で「−10℃」と言うときや、お金の計算でマイナス（赤字）になるときに使います。

問題1 次の数を、＋ や − を使って（ ）に書きましょう。

① 0より1小さい数 …（ −1 ）
② 0より5小さい数 …（ −5 ）
③ 0より15小さい数 …（ −15 ）
④ 0より3大きい数 …（ +3 ）
⑤ 0より10大きい数 …（ +10 ）

問題2 □ に数字を書きましょう。

問題3 どちらの数が大きいでしょう。大きい方に ○ をつけましょう。

① −1 ・ ⊕1
② −10 ・ ⊕3
③ ⓪ ・ −3
④ −15 ・ ⑧

問題4 温度が低い順に並べましょう。下の □ に数を書きましょう。

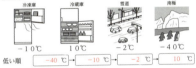

低い順 −40℃ → −10℃ → −2℃ → 10℃

問題5 何度でしょう。（ ）の中に書きましょう。

① （ −4 ℃） ② （ −8 ℃） ③ （ −21 ℃）

問題6 今月の小遣いは、10,000円です。洋服代は3,000円、食費は3,500円、カラオケ代は1,500円、携帯電話代は3,000円の予定です。
残金はあるでしょうか。不足なら、いくら不足しているでしょう。電卓で計算して、式と答えを書きましょう。

式　10,000−3,000−3,500−1,500−3,000＝−1,000

答え　−1,000 円

※残金はありません。1,000円の赤字（不足する金額）です。

---

p18-19

I 数と計算

5 3けた以上の計算

買い物の合計金額や残金を計算するときなどに、3けた以上の計算がでてきます。むずかしい場合には、電卓を使用しましょう。

問題1 筆算または電卓で計算して、答えを □ に書きましょう。

① 521+336= 857
② 246+352= 598
③ 318+225= 543
④ 607+325= 932
⑤ 475+136= 611
⑥ 389+254= 643

問題2 筆算または電卓で計算して、答えを □ に書きましょう。

① 785−213= 572
② 689−354= 335
③ 821−418= 403

問題3 筆算または電卓で計算して、答えを □ に書きましょう。

① 216+354+648= 1218
② 520+710+280= 1510
③ 807+283+169= 1259
④ 788−251−216= 321

問題4 （ ）のある計算です。筆算または電卓で計算して、答えを □ に書きましょう。

① 1000−(200+150)= 650
② 1000−(320+210)= 470
③ 1500−(420+160)= 920
④ 3000−(684+540)= 1776

p20-21

I 数と計算

問題5 1,000円を持って、ジャガイモとにんじんを買いに行きました。ジャガイモは220円、にんじんは180円でした。残りのお金はいくらでしょう。□に数を書きましょう。

[考え方1] 1,000円から 220 円と 180 円を引きます。

式は、1,000 − 220 − 180 となります。

計算は、(筆算)

答えは、600 円です。

[考え方2] 1,000円から <u>買うものの合計</u> を引きます。
→ 買うものの合計は、(220 円+ 180 円) です。

式は、1,000 − (220 + 180) となります。

計算は、( ) の中を計算したあと、1000から引きます。

答えは、600 円です。

問題6 2,000円を持って、マフラーと靴下を買いに行きました。マフラーは1,300円、靴下は540円でした。残りのお金はいくらでしょう。

式 (例) 2,000 − 1,300 − 540 = 160
計算 (筆算)
答え 160 円

問題7 1,290円のプレゼントを買います。ラッピング代は150円かかります。1,500円を払うと、お釣りはいくらでしょう。

式 (例) 1,500 − (1,290 + 150) = 60
計算 (筆算)
答え 60 円

問題8 鉄道博物館に行きます。電車代は往復540円、昼食代は980円、入場料は500円かかります。3,000円を持っていくと、おみやげはいくらまで買えるでしょう。

式 (例) 3,000 − 540 − 980 − 500 = 980
計算 (筆算)
答え 980 円

p22-23

I 数と計算

6 かけ算・わり算

ここでは、かけ算の筆算の計算方法と、わり算の考え方を学習します。かけ算九九を使って計算します。

問題1 筆算または電卓で計算して、答えを□に書きましょう。

①23×3= 69　②43×2= 86　③12×4= 48　④32×3= 96

⑤223×2= 446　⑥213×3= 639　⑦221×4= 884

問題2 筆算または電卓で計算して、答えを□に書きましょう。

①24×4= 96　②27×3= 81　③347×2= 694　④328×3= 984

問題3 筆算または電卓で計算して、答えを□に書きましょう。

①13×23= 299　②43×12= 516　③24×21= 504　④26×13= 338

⑤23×34= 782　⑥14×26= 364　⑦27×14= 378　⑧39×13= 507

問題4 缶ジュース24本入りの段ボール箱が12箱あります。缶ジュースは全部で何本あるでしょう。筆算または電卓で計算して、式と答えを書きましょう。

式 24×12=288

計算 (筆算)

答え 288 本

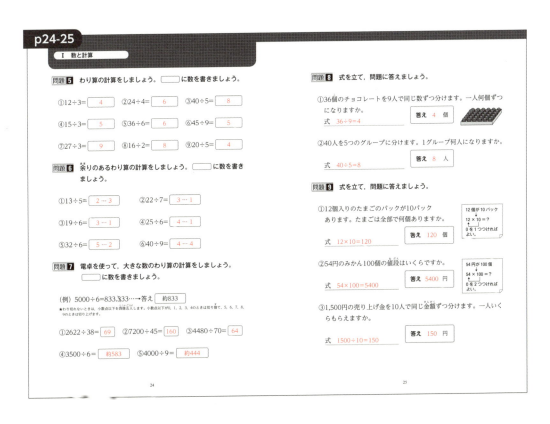

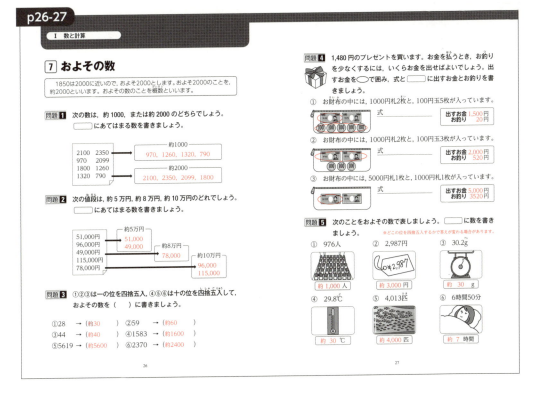

p28-29

Ⅰ 数と計算

8 割合とグラフ

もとの量（全体の量）のうち、どのくらいにあたるか数字で示したものを割合といいます。野球の打率の何割何分や、値段の％などが割合です。

問題1 次のグラフは、2年生全員に好きなメニューを聞いた結果です。グラフを見て、答えを（　）に書きましょう。

① 何が一番人気のメニューですか。（ ハンバーグ定食 ）
② ハンバーグ定食が好きな人の割合は全体の何％ですか。（ 30% ）
③ ラーメンが好きな人の割合は全体の何％ですか。（ 20% ）
④ 2年生は30人です。ラーメンが好きな人は何人ですか。（ 6人 ）

考え方▶ もとにする量×割合(%)÷100＝比べられる量
　　　　 2年生の人数　　ラーメンが好きな人の割合

問題2 食品加工班では、お菓子を作っています。右の表は、販売個数について表したものです。

種類	販売個数(個)	百分率(%)
チョコクッキー	16	20
フルーツクッキー	12	15
チョコレートブラウニー	32	40
シナモンロール	4	5
マフィン	16	20
合計	80	100

① チョコクッキーは全体の何％ですか。式と答えを書きましょう。
考え方▶ 百分率(%)＝(比べられる量)÷(もとにする量)×100
　　　　　　　　　　チョコクッキーの個数　合計個数
式　16÷80×100＝ 20　　答え　20 ％

② フルーツクッキーは全体の何％ですか。式と答えを書きましょう。
式　12÷80×100＝ 15　　答え　15 ％

③ シナモンロールは全体の何％ですか。式と答えを書きましょう。
式　4÷80×100＝ 5　　答え　5 ％

④ 左の表の空いているところに数字を書いて、表を完成させましょう。
⑤ 帯グラフに表しましょう。★百分率の大きい順に、左から区切って書いていきます。

⑥ 円グラフに表しましょう。
★割合の大きい順に、右回りに区切っていきます。

p30-31

Ⅰ 数と計算

9 比例

ある量が2倍、3倍になるとき、もう一つの量も2倍、3倍になるような関係を比例といいます。生活のいろいろな場面で、比例の関係がでてきます。

問題1 1つ100円のりんごを買います。

① 下の□□から選んで□に記号を書きましょう。

個数が増えると、代金も ㋒ 。個数が2倍、3倍になると、代金も ㋑ , ㋓ になる。

このようなとき、「代金は、りんごの個数に ㋔ する」という。

式に表すと、 ㋐ ＝ ㋕ × ㋖ となる。

㋐代金 ㋑2倍 ㋒100 ㋓増える ㋔比例 ㋕3倍 ㋖個数

② 表の空いているところに数を書いて、表を完成させましょう。

個数（個）	1	2	3	4	5	6	7	8
代金（円）	100	200	300	400	500	600	700	800

③ このりんごを12個買ったときの代金はいくらでしょう。式と答えを書きましょう。
式　100×12＝1200　　答え　1200 円

問題2 お風呂にお湯をためます。1分間に20ℓずつ入れます。

① 表の空いているところに数を書いて、表を完成させましょう。

入れた時間（分）	1	2	3	4	5	6	7	8
たまった量（ℓ）	20	40	60	80	100	120	140	160

② 10分間入れると、お湯は何ℓたまるでしょう。式と答えを書きましょう。
式　20×10＝200　　答え　200 ℓ

③ お湯を240ℓためるには、何分かかるでしょう。式と答えを書きましょう。考え方▶ お湯の量÷1分間にたまる量＝かかった時間
式　240÷20＝12　　答え　12 分

問題3 水槽に水をためます。

① 入れ始めて10秒間で、水槽の$\frac{1}{3}$のところまでたまりました。あと何秒入れれば、水槽はいっぱいになるでしょう。答えを書きましょう。
答え　20 秒

② この水槽の2倍の大きさの水槽に水をためる場合、かかる時間は何倍になるでしょう。答えを書きましょう。
答え　2 倍

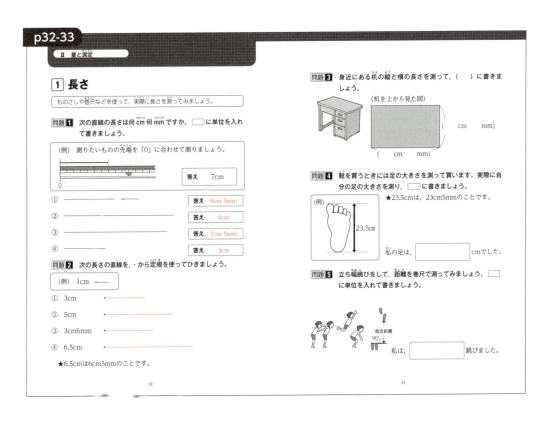
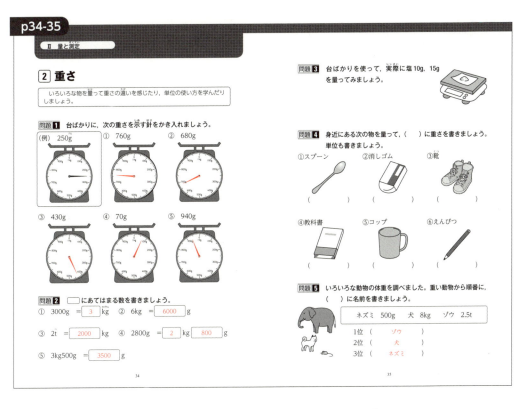

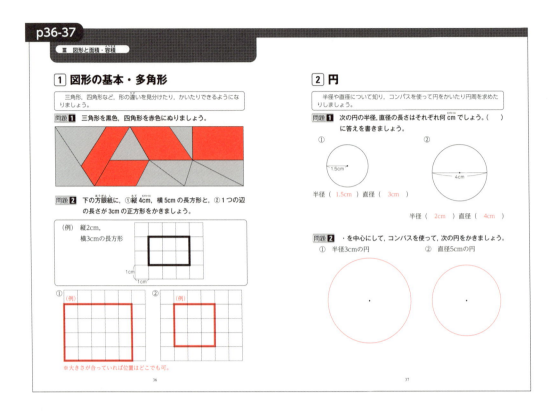

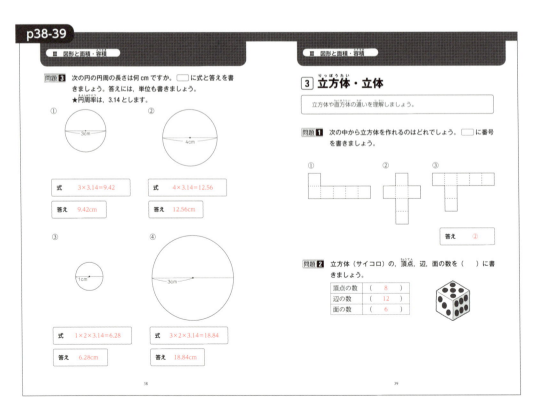

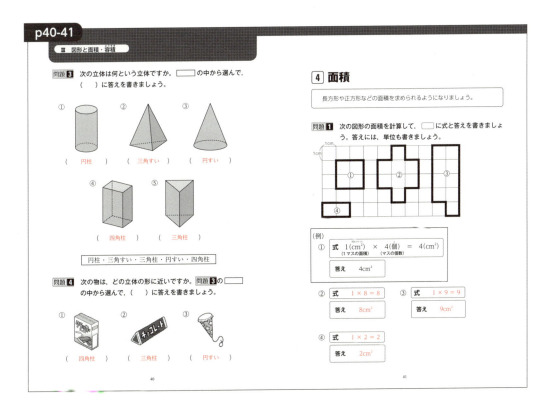

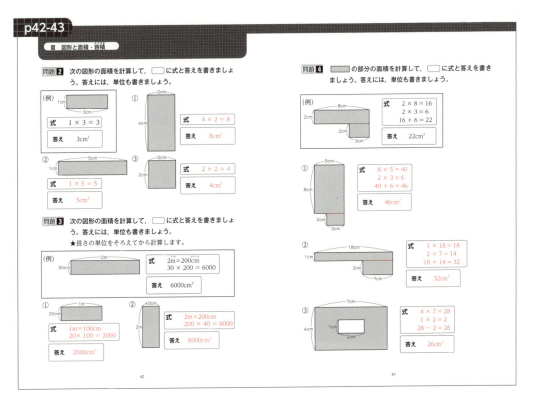

p44-45

III 図形と面積・容積

5 容積

いろいろな入れ物に入っている容積を調べたり比べたりして，容積について関心をもちましょう。

★答えには，単位も書きましょう。

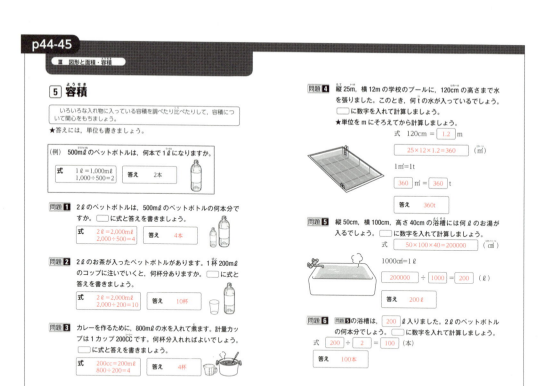

（例）500mℓのペットボトルは，何本で1ℓになりますか。

式　1ℓ＝1,000mℓ
　　1,000÷500＝2
答え　2本

問題1　2ℓのペットボトルは，500mℓのペットボトルの何本分ですか。□に式と答えを書きましょう。

式　2ℓ＝2,000mℓ
　　2,000÷500＝4
答え　4本

問題2　2ℓのお茶が入ったペットボトルがあります。1杯200mℓのコップに注いでいくと，何杯分ありますか。□に式と答えを書きましょう。

式　2ℓ＝2,000mℓ
　　2,000÷200＝10
答え　10杯

問題3　カレーを作るために，800mℓの水を入れて煮ます。計量カップは1カップ200ccです。何杯分入れればよいでしょう。□に式と答えを書きましょう。

式　200cc＝200mℓ
　　800÷200＝4
答え　4杯

問題4　縦25m，横12mの学校のプールに，120cmの高さまで水を張りました。このとき，何tの水が入っているでしょう。□に数字を入れて計算しましょう。
★単位をmにそろえてから計算しましょう。

式　120cm＝ 1.2 m

25×12×1.2＝360 （m³）

1m³＝1t

360 m³＝ 360 t

答え　360t

問題5　縦50cm，横100cm，高さ40cmの浴槽には何ℓのお湯が入るでしょう。□に数字を入れて計算しましょう。

式　50×100×40＝200000 （cm³）

1000cm³＝1ℓ

200000 ÷ 1000 ＝ 200 （ℓ）

答え　200ℓ

問題6　問題5の浴槽は， 200 ℓ入りました。2ℓのペットボトルの何本分でしょう。□に数字を入れて計算しましょう。

式　 200 ÷ 2 ＝ 100 （本）

答え　100本

p46-47

IV その他

1 時刻と時間

時計の見方を知りましょう。

問題1　次の時刻を求めましょう。時計を見て考え，□に答えを書きましょう。

（例）9時30分から30分後は　 10 時

① 5時10分から10分後は　 5 時 20 分

② 8時20分から30分前は　 7 時 50 分

③ 2時15分から35分後は　 2 時 50 分

問題2　まさお君は，7時20分に家を出て8時に学校に着きました。学校に着くまでにかかった時間は何分でしょう。時計を見て考え，□に答えを書きましょう。

答え　40 分

問題3　友達と一緒にハイキングに行きました。それぞれのポイントまでにかかった時間を時計を見て考え，□に答えを書きましょう。

もみじ通り→滝　 40 分
滝→山頂　 50 分
つり橋→もみじ通り　 15 分
展望台→つり橋　 25 分
B駅→展望台　 20 分
A駅→B駅　 30 分

p48-49

2 時刻と時間の計算

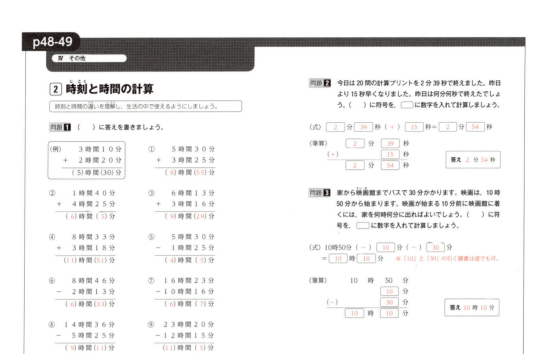

p50-51

3 速さを表す
4 平均

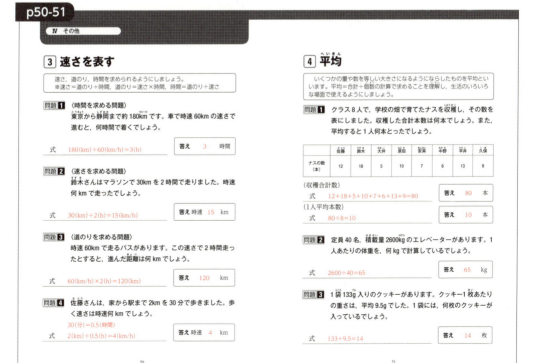

p52

Ⅳ その他

問題4 日曜日から土曜日までの7日間で、牛乳を2800mℓ飲みました。1日に平均何mℓ飲んだでしょう。

式　2800÷7=400　　答え　400 mℓ

問題5 図書室で貸し出した本の冊数を表にしました。貸し出した本の冊数の合計は何冊でしょう。また、1か月に平均何冊貸し出したでしょう。

月	4月	5月	6月	7月
冊数	36冊	48冊	64冊	72冊

(貸し出した本の合計冊数)
式　36+48+64+72=220　　答え　220 冊

(1か月に貸し出した本の平均冊数)
式　220÷4=55　　答え　55 冊

問題6 数学の小テストが5回ありました。点数は、80点、90点、85点、80点、95点でした。5回の合計点は何点でしょう。また、平均は何点でしょう。

(5回分の合計点)
式　80+90+85+80+95=430　　答え　430 点

(1回の平均点)
式　430÷5=86　　答え　86 点

p56-57

Ⅰ 自分の身の回りのこと

3 スポーツテスト

体力の測り方を知り、自分の体力を測りましょう。

問題1 次の種目の記録を読み取り、□に答えを書きましょう。

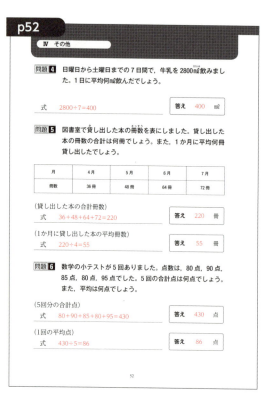

〈50m走〉 この部分（$\frac{1}{10}$秒未満）は切り上げます。（例）09：43₁₂ → 9.5秒

8.4 秒

〈垂直跳び〉 35 cm

〈走り幅跳び〉 3 m 30 cm

問題2 自分の記録を測って、□に書きましょう。

〈50m走〉　　秒
〈垂直跳び〉　　cm
〈走り幅跳び〉　　m　　cm

4 健康的な生活

健康的な生活を送るために必要なことを学習しましょう。

問題1 月曜日から金曜日までのあなたの体温を測り、下の表に記録しましょう。

曜日	月	火	水	木	金
体温	℃	℃	℃	℃	℃

問題2 下の図はある社会人の一日の生活を表したものです。寝る時刻と起きる時刻を□に書きましょう。また、睡眠時間は何時間になるか考えて、□に書きましょう。

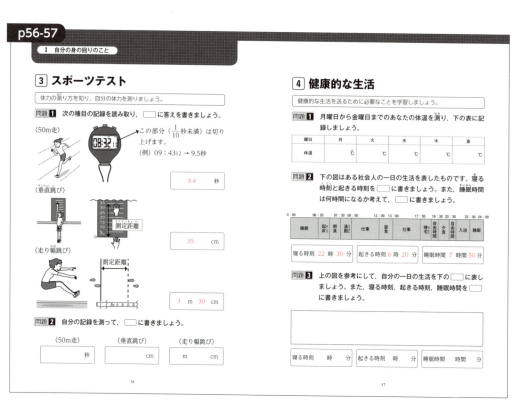

寝る時刻 22 時 30 分　起きる時刻 6 時 20 分　睡眠時間 7 時間 50 分

問題3 上の図を参考にして、自分の一日の生活を下の□に表しましょう。また、寝る時刻、起きる時刻、睡眠時間を□に書きましょう。

寝る時刻　　時　　分　　起きる時刻　　時　　分　　睡眠時間　　時間　　分

p58-59

II 毎日の生活

1 天気予報

天気予報で気温や降水確率などを調べて、生活に役立てましょう。

今日は月曜日です。インターネットで今週の天気を調べました。

週間天気	日	月	火	水	木	金	土
天気	☀️	☂️	☁️	☁️	☀️	☀️	☀️
気温(℃)	11	18 1	9 1	8 2	12 2	13 4	12 3
降水確率(%)	—	70	100	90	10	10	10
降水量(mm)	0						

問題1 今日、出かけるときに持っていったほうがよいものはありますか。また、それはどうしてですか。下の□に書きましょう。

持っていったほうがよいもの　傘、レインコート など、雨具について書かれていればよい。

理由　降水確率が高いから など。上の答えに対する理由が書かれていればよい。

問題2 今日は、薄いジャンパーを着て出かけます。明日はどんなものを着ればよいでしょうか。また、それはどうしてですか。下の□に書きましょう。

明日、着るとよいもの　厚いジャンパー、暖かい服 など。

理由　今日に比べて、気温が下がるから など。

2 買い物をして調理をしよう

買い物に行って、食事の材料をいくつか買うときの合計金額・割引・レシート・支払い方などについて学習しましょう。

スーパーマーケットでカレーライスの材料を買おうと思います。

ジャガイモ	カレールー	豚肉(100g)	にんじん	たまねぎ
60円	285円	158円	42円	58円

 電卓を使って計算しよう

問題1 ジャガイモとにんじんを買うと、いくら払えばよいでしょう。□に書きましょう。　　答え　102 円

問題2 カレールーとたまねぎ2個を買うと、いくら払えばよいでしょう。□に書きましょう。　　答え　401 円

問題3 豚肉を300g買うと、いくら払えばよいでしょう。□に書きましょう。　　答え　474 円

問題4 にんじん2本とジャガイモ3個とカレールーを買うと、いくら払えばよいでしょう。□に書きましょう。　　答え　549 円

p60-61

II 毎日の生活

レシートを読んでみよう

スーパーで買い物をして、下のレシートをもらいました。

問題5 ジャガイモは1個いくらでしたか。□に書きましょう。　　答え　115 円

問題6 にんじんは4本でいくらでしたか。□に書きましょう。　　答え　288 円

問題7 消費税も入れた合計金額はいくらでしたか。□に書きましょう。　　答え　1,118 円

問題8 そのうち、消費税はいくらでしたか。□に書きましょう。　　答え　89 円

問題9 支払いのとき、いくら支払いましたか。□に書きましょう。　　答え　1,500 円

問題10 お釣りは、いくらでしたか。□に書きましょう。　　答え　382 円

問題11 小遣い帳に書く「支出」はいくらですか。□に書きましょう。　　答え　1,118 円

```
スーパー○○
[領収書]
○○県△△市
電話:1234-56-7890
2016年○月○日(日) 16:15
ジャガイモ
  115      3個   345
にんじん
  72       4本   288
豚肉(250g)       485
小計           ¥1,118
(内消費税等)     ¥89
合計           ¥1,118
上記正に領収いたしました
お預り         ¥1,500
お釣           ¥382
```

買い物をして、レシートを2枚もらいました。

```
スーパー○○           コンビニ○○
[領収書]              [領収書]
2016年7月2日(土)16:15  2016年7月5日(火)13:20
コーラ                ポテトスナック  128
  75     2個  150
小計         ¥150     小計         ¥128
(内消費税等)  ¥12     (内消費税等)  ¥10
合計         ¥150     合計         ¥128
上記正に領収いたしました 上記正に領収いたしました
お預り        ¥500    お預り        ¥200
お釣         ¥350     お釣          ¥72
```

問題12 レシートを見て、下の小遣い帳にそれぞれ書き写しましょう。

月日	ことがら	収入	支出	残高
	くりこし	4,532		4,532
7月2日	スーパー○○で飲み物		150	4,382
7月5日	コンビニ○○でお菓子		128	4,254

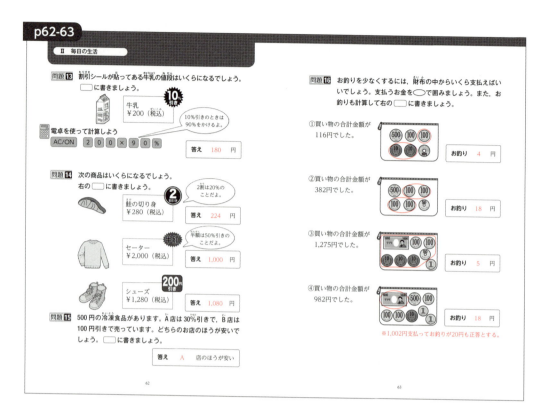

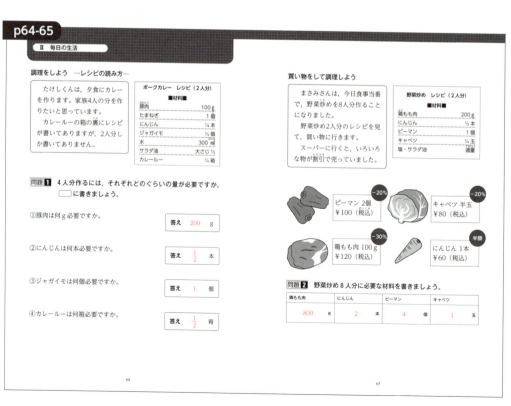

p66-67

II 毎日の生活

問題3 野菜炒め8人分に必要な材料はいくらになりますか。それぞれ □ に書きましょう。

○鶏もも肉
100(%)−30(%)=70(%)　800(g)÷100(g)=8
120(円)×70(%)=84(円)　84(円)×8=672(円)
→鶏もも肉100gは84円
答え 672 円

○にんじん
100(%)−50(%)=50(%)　30(円)×2=60(円)
60(円)×50(%)=30(円)
→にんじん1本は30円
答え 60 円

○ピーマン
100(%)−20(%)=80(%)　4(個)÷2(個)=2
100(円)×80(%)=80(円)　80(円)×2=160(円)
→ピーマン2個は80円
答え 160 円

○キャベツ
100(%)−20(%)=80(%)　1(玉)÷0.5(玉)=2
80(円)×80(%)=64(円)　64(円)×2=128(円)
→キャベツ半玉は64円
答え 128 円

○4品の合計金額
答え 1,020 円

問題4 4品の合計金額を支払うとき，財布には下のようなお金が入っていました。お釣りをなるべく少なくするためには，いくら支払えばよいですか。払うお金を ○ で囲みましょう。また，お釣りも計算して右の □ に書きましょう。

お釣り 30 円

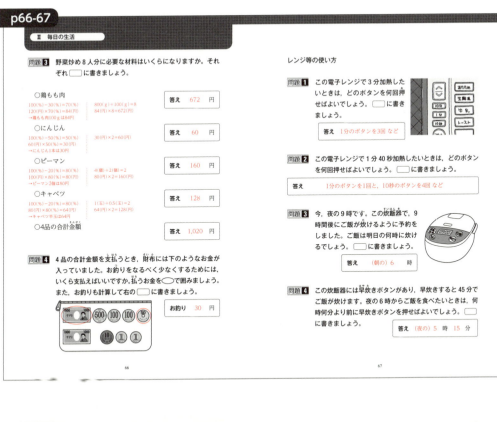

レンジ等の使い方

問題1 この電子レンジで3分加熱したいときは，どのボタンを何回押せばよいでしょう。□ に書きましょう。

答え 1分のボタンを3回 など

問題2 この電子レンジで1分40秒加熱したいときは，どのボタンを何回押せばよいでしょう。□ に書きましょう。

答え 1分のボタンを1回と，10秒のボタンを4回 など

問題3 今，夜の9時です。この炊飯器で，9時間後にご飯が炊けるように予約をしました。ご飯は明日の何時に炊けるでしょう。□ に書きましょう。

答え （朝の） 6 時

問題4 この炊飯器には早炊きボタンがあり，早炊きすると45分でご飯が炊けます。夜の6時からご飯を食べたいときは，何時何分より前に早炊きボタンを押せばよいでしょう。□ に書きましょう。

答え （夜の） 5 時 15 分

---

p68-69

II 毎日の生活

3 週の予定・年間の予定

カレンダーの見方を学習し，いろいろなことを調べてみましょう。

6月

日	月	火	水	木	金	土
1	2	3	4	5	6	7 13時からプール
8	9	10	11	12	13	14
15 11時から映画	16	17	18	19	20	21 13時からプール
22	23	24	25	26	27	28
29	30					

この6月の手帳を見て答えましょう。

問題1 6月1日（日曜日）の1週間後は何月何日でしょう。□ に書きましょう。
答え 6月 8日

問題2 のぞみさんは，月曜日から金曜日まで仕事で，土曜日と日曜日は休みです。のぞみさんは，6月は何日仕事に行くでしょう。□ に書きましょう。
答え 21 日

問題3 あきらくんは，6月3日から，毎日10円ずつ貯金箱に入れて貯金を始めました。6月30日には貯金は何円になっているでしょう。□ に書きましょう。
答え 280 円

問題4 たけしくんは，6月13日に風邪をひいて，朝，病院に行き，薬を5日分もらいました。薬を飲み終わるのは何月何日でしょう。□ に書きましょう。
答え 6月 17 日

問題5 としこさんは，6月7日と21日の土曜日は，13時からプールに行く予定です。また，6月15日の日曜日は，11時から映画に行く予定です。前のページの手帳に，としこさんの予定を書き入れましょう。

問題6 としこさんは，友達のなおみさんから買い物に誘われました。6月の土曜日か日曜日のどれかの日に行きたいそうです。なんと返事をすればよいでしょう。□ に書きましょう。
答え 6月7日，15日，21日以外なら，いつでも大丈夫です。 など

問題7 ひろきくんは，6月29日の次の日曜日が誕生日です。ひろきくんの誕生日は何月何日でしょう。□ に書きましょう。
答え 7月 6日

問題8 6月は30日で終わりですが，1年のうちで31日まである月は何月ですか。すべて □ に書きましょう。
答え 1月，3月，5月，7月，8月，10月，12月

p70-71

III 学校生活

1 いろいろなグラフ

いろいろなグラフの種類を知り、表から情報を読み取ったり、その数値をグラフで表したりしてみましょう。

問題1 下のグラフは、好きな食べ物のアンケートをとった結果です。順位を □ に書きましょう。

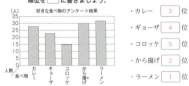

- カレー 3 位
- ギョーザ 4 位
- コロッケ 5 位
- から揚げ 2 位
- ラーメン 1 位

問題2 下のグラフは、世界のCO_2(二酸化炭素)排出量を表しています。これを見て、次の問題の答えを □ に書きましょう。

① CO_2の排出量が最も多い国を書きましょう。
  答え 中国

② 日本は何番目に多いでしょう。
  答え 5番目

問題3 下のグラフは、京都市の月ごとの降水量を表しています。雨が多い月は、何月でしょう。1位から3位までを下の □ に書きましょう。

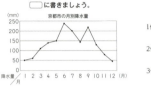

1位 6月
2位 9月
3位 7月

問題4 1日に何時間ゲームをしているか、アンケートをとりました。結果を表やグラフにまとめましょう。

アンケート結果
1日に何時間ゲームをしていますか?(30人が回答)
・1時間未満→3人 ・1~2時間→18人 ・2~3時間→6人
・3~4時間→2人 ・4時間以上→1人

① アンケート結果を表にしてみましょう。割合も出し、( )に人数と割合を書きましょう。わり切れない場合、小数点以下を四捨五入して求めましょう。

☆割合を表す 0.01 を 1 パーセントといい、1%と書きます。パーセントで表した割合を、百分率といいます。
百分率=比べられる量÷もとにする量×100
☆合計が100%にならないときは、割合の一番大きい部分か、「その他」で調整します。

時間	人数	割合(%)
1時間未満	(3)	(10)
1~2時間	(18)	(60)
2~3時間	(6)	(20)
3~4時間	(2)	(7)
4時間以上	(1)	(3)
総数	(30)	(100)

p72-73

III 学校生活

② 棒グラフに表してみましょう。

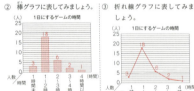

③ 折れ線グラフに表してみましょう。

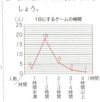

④ 百分率で、円グラフに表してみましょう。

※百分率の大きい順に、右回りに区切っていきます。

⑤ 百分率で、帯グラフに表してみましょう。

※百分率の大きい順に、左から書いていきます。

問題5 下の表は、東京の月別平均気温を表したものです。それぞれの問題に答えましょう。

月	1	2	3	4	5	6	7	8	9	10	11	12
平均気温(℃)	5.5	6.2	12.1	15.2	19.8	22.9	27.3	29.2	25.2	19.8	13.5	8.3

① 折れ線グラフに表しましょう。

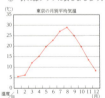

② 一年のうち最も気温が高いのは何月ですか。(8 月)
③ 一年のうち最も気温が低いのは何月ですか。(1 月)
④ 急に気温が上がるのは、何月と何月の間ですか。
  (2 月と 3 月の間)
⑤ 最高気温と最低気温の差は何℃ですか。(23.7 ℃)

問題6 下の折れ線グラフは、田中さんの月々の携帯電話の利用代金を表したものです。それぞれの問題に答えましょう。

① 最も高かったのは何月ですか。(11 月)
② 利用代金が下がったのは何月と何月ですか。
  (8 月と12月)
③ グラフからわかることはどれですか。

㋐ 朝より夜の方が使っている。
㋑ だんだん利用料金が上がっている。
㋒ 友達に電話をかけることが多い。
(㋑)

p74-75

問題 7 市役所の利用状況をまとめました。下の表は、曜日ごとの会議室とホールの利用回数を表したものです。それぞれの問題に答えましょう。

会議室の利用状況

曜日	月	火	水	木	金	土	日
利用回数（回）	7	4	5	4	6	2	1

ホールの利用状況

曜日	月	火	水	木	金	土	日
利用回数（回）	4	8	9	6	5	12	15

① 下の棒グラフを完成させましょう。

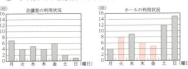

② 月曜日に利用が多いのは会議室とホールのどちらですか。（ 会議室 ）
③ 全体的に利用が多いのは会議室とホールのどちらですか。（ ホール ）
④ 一番利用が多いのは、何曜日のどこですか。（ 日 曜日の ホール ）

Ⅳ 楽しむ（余暇）

1 遊びに行こう

いろいろなところに行って、余暇活動を楽しむために必要な時刻や時間の勉強をしましょう。

問題 1 行きたい場所（目的地）を決め、必要なことを調べて□に書きましょう。

目的地 _____

① 休館日（休みの日）を調べよう。□ 曜日（第2土曜日などもあるので要注意）

② 開館している時間（営業時間）を □ ： □ ～ □ ： □ 調べよう。

③ 料金を調べよう。 □ 円

④ 目的地に着きたい時刻を決め、行き方を調べよう。

目的地					
出発地（駅やバス停など）	出発時刻		到着時刻	到着地（駅やバス停など）	かかる時間
家	：	→	：		(A) 分
					(B) 分
	：	→	：	目的地	(C) 分
				合計 (D) 分	

＊バスや電車に乗っている時間は、インターネットでも調べられます。

---

p76-77

Ⅳ 楽しむ（余暇）

⑤ 家から目的地までかかる時間(D)を計算しましょう。（2通りの出し方があります。）
- (A) □ 分 + (B) □ 分 + (C) □ 分 = (D) □ 分
- □ ： □ － □ ： □ = (D) □ 分
  （目的地到着時刻）（家を出発する時刻）

⑥ 家から目的地まで(D)分かかります。家に18時に到着するには、何時何分に目的地を出発するとよいですか。□に答えを書きましょう。
18:00 － (D) □ 分 = □ ： □

〈練習問題〉（ ）に答えを書きましょう。

（例） 時刻（3時00分） 時間（10分間） → （3時10分）

① (35 分間)
(7 時 10 分) → (7 時 45 分)

② (25 分間)

(10 時 30 分) → (10 時 55 分)

〈練習問題〉（ ）に答えを書きましょう。

（例）　11 時間 45 分
　　＋ 22 時間 10 分
　　―――――――――
　　 (33) 時間 (55) 分
　　　　↓
　　(1) 日と
　　(9) 時間 (55) 分

①　12 時間 15 分
　＋ 15 時間 35 分
　―――――――――
　 (27) 時間 (50) 分
　　　↓
　(1) 日と
　(3) 時間 (50) 分

②　16 時間 13 分
　＋ 10 時間 26 分
　―――――――――
　 (26) 時間 (39) 分
　　　↓
　(1) 日と
　(2) 時間 (39) 分

③　14 時間 16 分
　＋ 13 時間 15 分
　―――――――――
　 (27) 時間 (31) 分
　　　↓
　(1) 日と
　(3) 時間 (31) 分

④　52 時間 45 分
　－ 22 時間 10 分
　―――――――――
　 (30) 時間 (35) 分
　　　↓
　(1) 日と
　(6) 時間 (35) 分

⑤　36 時間 25 分
　－　5 時間 15 分
　―――――――――
　 (31) 時間 (10) 分
　　　↓
　(1) 日と
　(7) 時間 (10) 分

⑥　52 時間 43 分
　－ 10 時間 26 分
　―――――――――
　 (42) 時間 (17) 分
　　　↓
　(1) 日と
　(18) 時間 (17) 分

⑦　45 時間 36 分
　－ 12 時間 25 分
　―――――――――
　 (33) 時間 (11) 分
　　　↓
　(1) 日と
　(9) 時間 (11) 分

Ⅳ 楽しむ（余暇）

問題2 昨日は6時40分に起きました。今日はサッカークラブの朝練習があるので，6時15分に起きました。今日は昨日より何分早く起きたでしょう。（ ）に符号を，☐に数字を入れて計算しましょう。

〈式〉 6 時 40 分 （-） 6 時 15 分 = 25 分

〈筆算〉
```
    6 時 40 分
(-) 6 時 15 分
         25 分
```
答え 25 分

問題3 朝7時10分に起きて45分後に家を出ました。家を出た時刻は何時何分でしょう。（ ）に符号を，☐に数字を入れて計算しましょう。

〈式〉 7 時 10 分 （+） 45 分 = 7 時 55 分

〈筆算〉
```
    7 時 10 分
(+)      45 分
    7 時 55 分
```
答え 7 時 55 分

2 友達との待ち合わせ

友達と待ち合わせるときに必要な時刻や時間，お金の学習をしましょう。

問題1 土曜日に友達と映画を見に行くことになりました。待ち合わせる時刻とバスに乗る時刻，家を出る時刻をそれぞれ求めましょう。

Ⓐ家を出る時刻　Ⓑバスに乗る時刻　Ⓒ待ち合わせる時刻　映画開始(11時20分)
 徒歩10分 バス50分 準備15分

① 映画開始(11時20分) -15分＝Ⓒ待ち合わせる時刻（ 11 時 5 分）

② Ⓒ（ 11 時 5 分）-50分＝（ 10 時 15 分）
　＊時刻表を見て一番近い時刻をチェック→
　Ⓑバスに乗る時刻（ 10 時 13 分）

③ Ⓑ（ 10 時 13 分）-10分＝Ⓐ家を出る時刻（ 10 時 3 分）

問題2 小遣いが3,000円あります。昼食にいくら使えるか求めましょう。（バスに乗るとき，「6」と書かれた整理券を取りました。映画代は，1,000円です。）

行きのバス代	映画代	帰りのバス代
①（ 400 ）円	②（ 1,000 ）円	③（ 400 ）円

（式） 3,000円 -（①+②+③）＝ 昼食代 1,200 円

Ⅳ 楽しむ（余暇）

3 デパートへ行こう

休日にいろいろなところに出かけるときには，経路を調べ，スケジュールを立てたり予算を立てたりします。時間や時刻，簡単な支払いの計算の勉強をしましょう。

〈練習問題〉 ☐ にあてはまる数を書きましょう。

① 1時間＝ 60 分　　② 2時間＝ 120 分
③ 1日＝ 24 時間　　④ 2日＝ 48 時間
⑤ 36時間＝ 1 日 12 時間　⑥ 140分＝ 2 時間 20 分
⑦ 25時間＝ 1 日 1 時間　⑧ 65分＝ 1 時間 5 分

〈練習問題〉〈例〉を見て，時計の針と時刻を書きましょう。

(例) 10分後 午後 3 時 10 分

① 20分後 午後 2 時 30 分

②  15分前 午後 1 時 10 分

③  30分前 午後 7 時 30 分

④ 12分前 午後 7 時 26 分

⑤ 25分後 午後 10 時 32 分

〈練習問題〉 財布の中のお金を使って，お釣りが少なくなるように支払いたいです。☐に支払う金額を書いて，使うお金を◯で囲みましょう。また，（ ）にお釣りの金額を書きましょう。

(例) 1,980円
(支払い代金) 2,000 円 （お釣り 20 円）

① 525円
(支払い代金) 530 円 （お釣り 5 円）

② 3,680円
(支払い代金) 3,700 円 （お釣り 20 円）

③ 580円
(支払い代金) 600 円 （お釣り 20 円）

④ 365円
(支払い代金) 370 円 （お釣り 5 円）

⑤ 2,370円
(支払い代金) 2,400 円 （お釣り 30 円）

p82-83

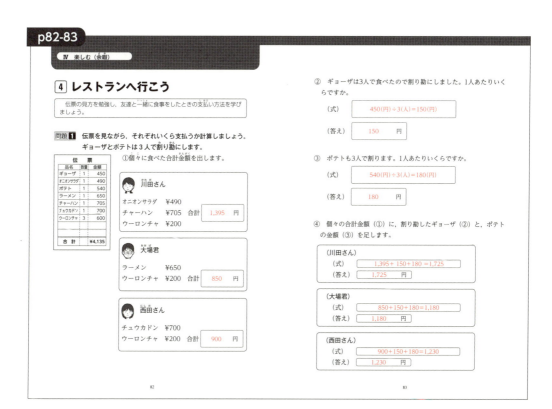

p86-87

p88-89

V 生活を豊かに（暮らし）

問題 3 小遣いを 6,000 円として、3 等分するといくらになりますか。□に数字を入れて計算しましょう。

6,000（円）÷ 3 = 2,000（円）

☆つまり、10日間で 2,000 円使えます。

問題 4 10日間で 2,000 円使えるとしたら、1日にいくら使えますか。□に数字を入れて計算しましょう。

2,000（円）÷ 10（日）= 200（円）

★アイデア② 表に買いたい物を全部書き出して、1か月 6,000 円の小遣いで買える物を選ぶ方法。

（例）

欲しい物	今の気持ち	値段の比較	決断
ゲームソフト	絶対欲しい 欲しい	A店 3,000円 B店 2,870円	買う 貯金して買う あきらめる

	（小遣い）		（欲しい物）		（残ったお金）
①	6,000 円	−	(ゲームソフト) 2,870円	=	3,130 円
	（残ったお金）		（欲しい物）		（残ったお金）
②	3,130 円	−	(本) 1,200円	=	1,930 円
③	1,930 円	−	(ランチ) 1,500円	=	430 円

問題 5 （例）を見て、自分の欲しい物を表に書き出してみましょう。
〈欲しい物リスト〉

欲しい物	今の気持ち（○で囲もう。）	値段の比較（店の名前と値段を書いて、買いたいほうを○で囲もう。）	決断（○で囲もう。）
	絶対欲しい 欲しい	店　　円 店　　円	買う 貯金して買う あきらめる
	絶対欲しい 欲しい	店　　円 店　　円	買う 貯金して買う あきらめる
	絶対欲しい 欲しい	店　　円 店　　円	買う 貯金して買う あきらめる
	絶対欲しい 欲しい	店　　円 店　　円	買う 貯金して買う あきらめる
	絶対欲しい 欲しい	店　　円 店　　円	買う 貯金して買う あきらめる

問題 6 （例）を見て、□に絶対欲しい物の金額を入れて計算してみましょう。

	（小遣い）		（欲しい物）		（残ったお金）
①	□ 円	−	□ 円	=	□ 円
	（残ったお金）		（欲しい物）		（残ったお金）
②	□ 円	−	□ 円	=	□ 円
	（残ったお金）		（欲しい物）		（残ったお金）
③	□ 円	−	□ 円	=	□ 円

☆残りのお金がなくなったら買えません。計算しながら考えましょう。

---

p90-91

V 生活を豊かに（暮らし）

2 計画的な支出

計画的にお金を使うにはどうしたらよいか、今月の小遣いの使い道をもとに考えてみましょう。

問題 1 右のイラストを費目別に分けて、表に書きましょう。

費目	食費	金額（円）	合計金額（円）
品目	(例) ポテトチップス	123	
	ハンバーガー	340	623
	お茶	160	
費目	被服費	金額（円）	合計金額（円）
品目	ジャンパー	2,750	
	帽子	980	4,930
	Tシャツ	1,200	
費目	交通費	金額（円）	合計金額（円）
品目	電車	310	310
費目	娯楽費	金額（円）	合計金額（円）
品目	ボウリング	500	
	遊園地	3,200	5,500
	映画	1,800	
費目	通信費	金額（円）	合計金額（円）
品目	携帯電話代	3,600	3,600

ボウリング 500円、ポテトチップス 123円、携帯電話代 3,600円、遊園地 3,200円、ハンバーガー 340円、帽子 980円、電車 310円、映画 1,800円、お茶 160円、ジャンパー 2,750円、Tシャツ 1,200円

問題 2 食費、被服費、交通費、娯楽費、通信費の中で、一番多く使った費目は何でしょう。合計金額を比べましょう。

順位	費目	金額（円）
1位	娯楽費	5,500
2位	被服費	4,930
3位	通信費	3,600
4位	食費	623
5位	交通費	310

問題 3 小遣い 5,000 円を超過しないように、前ページのイラストの中で使いたい物を考えて、下の表に書きましょう。

品目	使うお金（支出）	残ったお金（残高）

p92-93

V 生活を豊かに（暮らし）

問題 4 自分で使った1週間分のレシートを集めて、表に書きましょう。

（例）

日付	費目	ことがら（品目）	入ったお金（収入）	使ったお金（支出）	残ったお金（残高）
8/1	小遣い		5,000		
8/3	食費	ハンバーガー		340	4,660
8/7	娯楽費	映画		1,800	2,860
8/8	被服費	ジャンパー		2,750	110

日付	費目	ことがら（品目）	入ったお金（収入）	使ったお金（支出）	残ったお金（残高）
/					
/					
/					
/					
/					
/					
/					
/					
/					
/					
/					

3 手紙を出そう

手紙を出すときに、必要なことを調べてみましょう。

※郵便代金は変更になる場合があります。日本郵便ホームページなどを参照して、実際の料金を確認してください。

問題 1 郵便について調べて、□に答えを書きましょう。

★手紙を送るときのポイント（各自で調べて答えましょう。）

重さ	料金
25g以内	84 円
50g以内	94 円

長さ・高さ・編
23.5cm / 12cm / 1cm

★宅配便を送るときのポイント（下の表を見て答えましょう。）

同一都道府県内への配送 A+B+Cの合計	料金
60cm以内	690円
80cm以内	900円
100cm以内	1,130円

取扱い窓口への持ち込み割引	
A社	100円
B社	110円
C社	120円

同一都道府県内への配送で
A+B+Cの合計が60cmのとき　➡　690 円

取扱い窓口に持ち込むとき
C社の場合　➡　120 円割引

★速達を送るときのポイント（各自で調べて答えましょう。）

250gまでの郵便物の速達料金は、
基本料金＋ 290 円

右上、右側に赤い線を引く。

p96

V 生活を豊かに（暮らし）

5 働く

働くときに必要な休暇の取り方について学びましょう。

年次有給休暇とは、休日とは別に、休んでも出勤と同様に賃金が支払われる休暇のことで、労働基準法39条で決められています。Aさんの会社は1年目は15日の休暇が取れます。1時間単位でも取れます。勤務時間は8時間です。下の表を見て、問題に答えましょう。

スタート日数は　15 日　0 時間　0 分

日付		とる年休		累計時間			残日数		
月	日	日	時	分	日	時	分	日	時	分
4	26		2		0	2	0	14	6	00
6	7		1		0	3	0	14	5	00
7	8		4		0	10	5	00		
8	2	1			5	3	0	9	5	00
10	15		2		5	5	0	9	5	00

問題 1 8月2日に、年次有給休暇を「1日」取りました。
上の表に記入しましょう。

問題 2 10月15日に、年次有給休暇を「2時間」取りました。
上の表に記入しましょう。